Die Waldstreu

und ihre Bedeutung für Boden und Wald.

Nach dem gegenwärtigen Stande der Wissenschaft

und eigenen Untersuchungen

dargestellt

von

Dr. E. Ramann,

Dozent an der Forstakademie Eberswalde und Dirigent der chem.-phys. Abtheilung der Hauptstation des forstlichen Versuchswesens.

Berlin.

Verlag von Julius Springer.

1890.

ISBN-13: 978-3-642-90286-4 e-ISBN-13: 978-3-642-92143-8
DOI: 10.1007/978-3-642-92143-8

Softcover reprint of the hardcover 1st edition 1890

Vorwort.

In den folgenden Blättern erlaube ich mir die wichtigsten Schlußfolgerungen langjähriger Arbeiten und Untersuchungen in kurzer Darstellung vorzulegen. Hunderte von Boden- und Aschenanalysen, zahlreiche physikalische Bestimmungen waren nothwendig, um mit Bestimmtheit den Einfluß der Humus- und Streudecke auf den Boden erkennen zu können. Sämmtliche Untersuchungen sind von mir allein ausgeführt worden.

Von höchster Bedeutung für diese Arbeit war die Erkenntniß der Umbildungen, welche der Boden unter bestimmten Humusformen erleidet und die in Dr. P. E. Müller ihren Erforscher und meisterhaften Darsteller gefunden haben; ohne die Müller'schen Arbeiten würden die hier behandelten Fragen nicht zum Abschluß zu bringen gewesen sein.

Von besonderem Werthe war es ferner, daß Herr Professor Schwappach auf meine Bitte mit Zuwachsermittelungen auf den untersuchten Streuflächen vorging; es ist so möglich geworden, auch die Einwirkungen auf den Bestand zu berücksichtigen.

Die Angaben über Gehalt an Mineralstoffen, Streuerträge u. s. w. liegen außerhalb des Rahmens dieser Abhandlung; dieselben sind in dem bekannten Buche Ebermayers, Lehre der Waldstreu, oder in gedrängtester und vollständigster Uebersicht in den Tabellen zu Danckelmann, Ablösung der Waldgrundgerechtigkeiten, enthalten.

Ich verhehle mir nicht, daß die dargestellten Schlußfolgerungen in Bezug auf die Bedeutung der Streu für den Wald zum Theil im scharfen Gegensatz zu den herrschenden Anschauungen stehen, und daß es harte Kämpfe kosten wird, sie zur Anerkennung zu bringen. Hervorheben möchte ich aber schon hier, daß kein Resultat gezogen worden ist, ohne reichlich durch Thatsachen gestützt zu sein, die sich wieder auf eingehende Untersuchungen gründen.

Von mehr als einer Seite wurde darauf hingewiesen, wie leicht durch meine Darstellung der kaum gesteuerte Mißbrauch einer maßlosen Streuentnahme wieder eintreten könnte. Ich habe erwidert, daß jedes menschliche Wissen dem Mißbrauch ausgesetzt sei, und daß derselbe den Gebrauch nicht ausschlösse. Ich hoffe zeigen zu können, wann die Streunutzung unbedingt verwerflich ist, wann sie ohne Schaden für den Wald in maßvoller Weise geübt werden kann und unter welchen Umständen sie bis zu einem mäßigen Grade sogar vortheilhaft wirken kann. Dem Revierverwalter ist so die Möglichkeit gegeben, eine Schädigung seines Waldes zu verhüten.

Sollte diese Brochüre Angriffe erfahren, und sie werden kaum ausbleiben, so möchte ich darauf hinweisen, daß alle Schlußfolgerungen durch sorgfältig ermittelte Thatsachen gestützt sind und andererseits bitten, die Darstellung so völlig ohne Zorn und Voreingenommenheit zu betrachten, wie sie von mir ausgearbeitet worden ist.

Eberswalde, Oktober 1889.

Dr. E. Ramann.

Inhalt.

Einleitung.

Weite Gebiete unseres Landes erzeugen nicht genug Stroh, um für Futter und Streu auszureichen. Ersatzmittel für die fehlende Streu sind nothwendig. Naturgemäß griff man nach dem am leichtesten zu erhaltenden und relativ werthvollsten derselben, nach der Waldstreu. Die wachsende Einwohnerzahl und die damit verbundene intensivere Ausnutzung des Bodens steigerte das Bedürfniß immer mehr. Der Wald, durch lange Zeiträume regelmäßig beraubt, kam auf den ärmeren Bodenarten immer mehr zurück. Es entspann sich ein Kampf zwischen Landwirthschaft, namentlich dem kleineren Besitz, und der Forstwirthschaft um die Waldstreu. Die maßlose Streuentnahme hatte die Gefahren derselben zu klar hervortreten lassen; es war kein Wunder, daß die Forstverwaltung in das entgegengesetzte Extrem verfiel und jede Streuabgabe für unbedingt schädlich und verwerflich erklärte. Die weitaus größte Zahl der Herren des Forstfaches steht unbedingt auf diesem Standpunkte; aber es beginnen bereits sich Stimmen zu erheben, die einer vernünftigen Streunutzung nicht mehr feindlich gegenüberstehen. Gar mancher Forstmann sieht sich in den Erfolgen, welche eine völlige Schonung der Bodendecke herbeiführen sollte, oft erheblich enttäuscht.

Die nachfolgende Schrift nimmt gewissermaßen einen vermittelnden Standpunkt ein. Der Verfasser glaubt, daß es ihm gelungen ist, einmal die Ursache der Boden- und Waldverwüstung, welche auf armen Gebieten der dauernden Streuentnahme folgt, klarzustellen und anderseits zu zeigen, unter welchen Umständen der Wald eine mäßige Streunutzung ertragen kann, ja, daß diese unter Umständen sogar vortheilhaft auf den Boden zu wirken vermag.

In welch hohem Grade ein Streubedürfniß für viele landwirthschaftliche Betriebe vorhanden ist, beweist die Aufnahme und massenhafte Anwendung der Torfstreu. Jedenfalls ein geringwerthigstes Streuersatzmittel. In neuester Zeit mehren sich die Versuche, Holzwolle, also gehobeltes und in schmale Streifen geschnittenes Holz, als Streu zu verwerthen. Nach der Meinung des Verfassers wird es der Holzwolle gelingen, alle anderen Ersatzmittel auf ihren natürlichen Verbreitungsbezirk zu beschränken und anderseits der Streunoth wesentlich zu steuern.*) Aber auch dann wird die Waldstreu in ihrer Verwendung nur beschränkt, nicht gänzlich verdrängt werden.

Zum Erwerb von Ersatzmitteln gehört immer ein gewisses Kapital. Alle landwirthschaftlichen Betriebe, welche groß genug sind um den Besitzer ausschließlich oder überwiegend zu beschäftigen, müssen dahin kommen die Waldstreu entbehren zu können. Die Landwirthschaft muß lernen auf eignen Füßen zu stehen, und die Einführung der Holzwolle als Streumaterial wird dies ermöglichen.

Ganz anders liegen aber die Verhältnisse für den kleinen und kleinsten Besitz. Die Zersplitterung des Grundbesitzes hat ihre sehr großen wirthschaftlichen Bedenken; andererseits stehen aber denselben bestimmte Vortheile gegenüber, und erscheint es immerhin wünschenswerth, den landwirthschaftlichen Arbeiter wenigstens im Besitz eines kleinen Grundstückes zu erhalten. Der ethische Einfluß eines und wenn noch so geringfügigen Grundbesitzes ist ein gar mächtiger, der Einzelne fühlt sich als Glied des Ganzen, er hat etwas, wodurch er Theil nimmt am Wohl und Wehe des ganzen Volkes. Das Gefühl des Eigenthumes am Grund und Boden ist sicher für weite Schichten der ländlichen Bevölkerung ein gewaltiger Hebel der Strebsamkeit, der Seßhaftigkeit und der staatserhaltenden Gesinnung. Wer die Anschauungen des „kleinen Mannes" kennt, wird bald genug sehen, welche großen sozialen Unterschiede im Arbeiterstande hervortreten, und der Maßstab dafür ist der Besitz, und zwar der Besitz an Land.

---

*) Es mag hier auf einen demnächst in der Zeitschrift für Forst- und Jagdwesen erscheinenden Artikel über die Holzwolle und ihre Zersetzbarkeit hingewiesen werden. Die analytischen Specialzahlen kommen in den Landwirthschaftlichen Jahrbüchern zum Abdruck. Vergl. auch: Ber. üb. d. XVII. Vers. des Märkischen Forst-Vereins 1889 S. 14.

Der Arbeiter, der vielleicht einige Ar Land sein eigen nennt, welche er in seinen freien Stunden bearbeitet und welches ihm den persönlichen und sozialen Halt gewährt, ist daher zweifellos für unser ganzes Volksleben von höchster Bedeutung. Solcher Besitz ist aber nur haltbar, wenn ihm der Erwerb von Waldstreu ermöglicht ist. Auf der kleinen Ackerfläche, wo ein Jahr Korn und das andere Jahr Kartoffeln gebaut werden, ist kein Raum um Streu zu gewinnen. Der Mann zieht sein Schwein und seine Ziege auf, er lebt noch immerhin erträglich, aber Streu zu kaufen, und wenn sie noch so billig ist, dazu hat er eben kein Geld; er muß sie im Wesentlichen durch seine Arbeit erwerben können. Kann er dies nicht, so ist sein Landbesitz auf die Dauer nicht haltbar; die paar Mark, die er für seinen Acker erhält, sind bald genug ausgegeben, der Mann ist zum Proletarier geworden.

Für diese Klasse der kleinsten Grundbesitzer ist die Waldstreu unentbehrlich. Dieser Thatsache kann sich wohl selten ein Revierverwalter ganz verschließen; er kommt in eine Zwangslage, entweder nach seiner Meinung den Wald zu schädigen oder die Existenz des andern zu gefährden, oder ihn doch mindestens auf die Frevelliste zu bekommen.

Es ist dies ein Verhältniß, welches dauernd bestehen bleibt und alle Jahre wiederkehrt. Daneben macht sich aber auch noch ein mächtiges zeitweises Streubedürfniß in Nothjahren geltend. Ganz wird der Wald dasselbe nicht abweisen können; da es glücklicherweise in der Regel nur in längeren Zwischenräumen hervortritt, kann wenigstens, auch bei einer streng konservativen Waldwirthschaft, der Hauptbedarf befriedigt werden, ohne den Wald zu schädigen. Dies Resultat tritt in den folgenden Untersuchungen unverkennbar hervor. Der Revierverwalter wird dadurch in den Stand gesetzt werden, das nothwendige gern zu thun und ohne für den ihm anvertrauten Wald fürchten zu müssen.

In dem Folgenden ist der Verlauf der Zersetzung der Streu, ihre Bedeutung für Sand- und Lehmböden, als Repräsentanten der Hauptbodenarten dargestellt; der Schluß bringt eine Zusammenstellung der wichtigsten Resultate dieser Arbeit.

I. Die Waldstreu. Allgemeines.

Als Waldstreu bezeichnet man die aus lebenden oder abgestorbenen Pflanzen und Pflanzentheilen bestehende Bodendecke der Wälder.

Je nachdem die Streu gewonnen ward, bezeichnet man sie als:

1. **Rechstreu**, die lose aufliegende obere Bodenschicht, welche mittelst des Rechens geworben wird. Unterarten der Rechstreu sind:
   a. Laubstreu; überwiegend die abgefallenen und oft theilweise zersetzten Blätter der Laubbäume (Buchen-, Eichen-, Birkenstreu);
   b. Nadelstreu; überwiegend die abgefallenen Blattorgane der Nadelhölzer (Kiefern-, Fichten-, Tannenstreu);
   c. Moosstreu; überwiegend aus Moosarten bestehend, welche namentlich den Boden der Nadelholzbestände bedecken.
2. **Unkrautstreu**, diese besteht überwiegend aus den auf dem Boden wurzelnden krautartigen Pflanzen und Halbsträuchern, die durch Abtrennen vom Boden gewonnen werden. Unterarten sind:
   a. Heidekrautstreu;
   b. Beerkrautstreu, namentlich Heidelbeere.

Eine Mittelstellung zwischen 1. und 2. nehmen Gras und Farrenkraut (namentlich der Adlerfarren, Pteris aquilina) ein, da diese sowohl durch Rechen als auch durch Abschneiden gewinnbar sind.

3. **Reisstreu** (Aststreu, Schneidelstreu, Hackstreu) sind die dünnen benadelten oder belaubten Zweige der Bäume, die durch Abschneiden gewonnen und durch Zerhacken für Streuzwecke brauchbar gemacht werden.

Naturgemäß sind diese Trennungen, mit Ausnahme der Reisstreu, nur relativ richtige und nur durch das Vorherrschen des einen oder andern Bestandtheiles berechtigte.

Die Hauptbestandtheile, welche sich in jeder Waldstreu finden, sind folgende:

1. Die Abfallreste der Waldbäume: Blattorgane, Blüthen und Fruchtreste, abgestorbene Zweige, Rinden- und Borkentheile.
2. Bestandtheile der unter dem Walbbestand lebenden Pflanzendecke und zwar:

a. solche, die in dünner Decke auf dem Boden aufliegen: Moose;
b. Reste tiefer wurzelnder Pflanzen: Gräser, Heide, Beerkräuter.

3. Stärker zersetzte, nicht mehr nach ihrer Natur erkennbare Pflanzenreste: Humus.
4. Beigemischte Reste des festen Erdbodens.

Jede Streu wird diese Bestandtheile in wechselnder Menge enthalten, und selbst auf derselben Fläche wird die Streu verschiedener Jahre eine abweichende Zusammensetzung zeigen. Zur Zeit liegen hierüber nur sehr wenige Beobachtungen vor. In lufttrockener Kiefernstreu der jährlich berechten Versuchsflächen der Oberförstereien Eberswalde und Biesenthal fand der Verfasser:*)

	Ertragklasse für Kiefer	Nadeln	Holz und Rindetheile	Moos, Gras und Heide	Abfall
Eberswalde:	I	27	27	22	24
"	I—II	31	41	8	19
"	III	25	39	17	19
"	III—IV	33	24	16	27
Biesenthal:	IV	31	20	36	13
"	IV	35	28	18	19
"	V	54	20	5	21

Im Ganzen treten in den geringeren Beständen die Reste der Bodenflora mehr zurück; außerdem übt das Alter der Bestände einen bedeutenden Einfluß. Geschlossene Schonungen zeigen fast ausschließlich eine Bodendecke von Nadeln und Astresten; im Stangenalter waltet das Moos vor, um in den licht gestellten haubaren Beständen dem Gras und der Heide Platz zu machen.

II. Die Zersetzung der Waldstreu.

Die organischen Abfallreste des Waldes werden allmählich zersetzt. Indem sie sich mit dem Sauerstoff der Luft verbinden, wird zunächst

*) Zeitschr. f. Forst- u. Jagdwesen 20. S. 98 (1888).

ein Theil der Pflanzenreste in Kohlensäure und Wasser übergeführt. Der übrig bleibende Rest ist schwieriger angreifbar, von dunkler Farbe und wird allgemein als „Humus" bezeichnet.

Der Humus ist wahrscheinlich ein Gemisch verschiedener, nahe verwandter organischer Verbindungen, deren Trennung bisher in genügender Weise noch nicht gelungen ist. Allmählich werden unter normalen Verhältnissen auch die Humusstoffe weiter angegriffen und endlich die ganze Menge der organischen Körper in die einfachst zusammengesetzten Sauerstoffverbindungen, Kohlensäure und Wasser, übergeführt.

Außer dem Sauerstoff der Luft wirkt auch noch das Wasser als solches auf die Humusstoffe ein und veranlaßt eine Zerlegung derselben in einfachere Verbindungen. Die in neuerer Zeit in großer Ausdehnung durchgeführten Untersuchungen dieser Zersetzungsprozesse haben gezeigt, daß diese Einwirkung des Wassers ganz zurücktritt, wenn hinreichende Mengen atmosphärischen Sauerstoffes gegenwärtig sind. Es siedeln sich dann zahllose niedere Organismen auf und in den Pflanzenresten an, deren Lebensprozeß die Zerstörung derselben rasch zu Ende führt.

Die bei Gegenwart von ausreichendem Sauerstoff stattfindende Zerlegung der organischen Stoffe bezeichnet man als „Verwesung", die bei Abschluß des Sauerstoffes (oder doch bei nur geringem Zutritt desselben) eintretende Zersetzung als „Fäulniß". Man ist berechtigt anzunehmen, daß im ersten Fall die Thätigkeit der niederen Lebewesen völlig überwiegt, während bei der Fäulniß die rein chemischen Prozesse wohl eine erheblichere Rolle spielen.

Die Verwesung.

Die Verwesung der organischen Stoffe besteht also in einer Ueberführung derselben in Kohlensäure und Wasser (bezw. des Stickstoffgehaltes in Ammoniak) durch den Lebensprozeß niederer Organismen bei Gegenwart von atmosphärischem Sauerstoff.

Ueberwiegend sind es Pilzarten, welche die Verwesung herbeiführen, und unter diesen hauptsächlich die mikroskopisch kleinen, im organischen Reich so tief stehenden Spaltpilze, die man unter dem Namen der Bakterien zusammenfaßt. Ungeheuer ist die Zahl der Bakterien, die sich im Erdboden finden; an der Oberfläche, bezw. den obersten Bodenschichten sind sie in größter Menge angehäuft, während ihre Zahl in den tieferen Erdschichten rasch abnimmt. Zählungen haben in ein Gramm Erde 4—500000, in andern Fällen 7—900000 Stück ergeben. Sicherlich ein Reichthum an Lebewesen, deren unendliche Menge die Großartigkeit ihrer Wirkungen erklärlich macht.

Neben den Bakterien nehmen alle die zahlreichen, schon höher organisirten Pilzarten Theil, welche sich überall in der Erde finden und deren Lebensthätigkeit ebenfalls ein Zerlegen höher zusammengesetzter organischer Stoffe in Kohlensäure und Wasser herbeiführt.

Endlich ist noch die Thierwelt in der gleichen Richtung thätig. Zahllos ist das Heer der Thiere, welche sich in der Streudecke der Wälder findet und deren größte Zahl sich von den Pflanzenresten desselben ernährt. Auch hier ist das Endprodukt der Lebensthätigkeit die Bildung von Kohlensäure und Wasser.

Die Verwesung der Waldstreu ist also ein sehr mannigfaltiger Vorgang; Thier- und Pflanzenwelt nimmt Theil um die abgestorbenen Pflanzentheile umzuwandeln und in Formen überzuführen, welche auf's neue von den Pflanzen gebunden und genutzt werden können.

Durch viele ausgezeichnete Untersuchungen ist es festgestellt worden, daß die Umbildung der organischen Reste thatsächlich auf den Lebensprozeß jener Organismen zurückzuführen ist. Die Versuche haben gelehrt, daß alle Bedingungen, welche demselben vortheilhaft sind, die Zerlegung steigern, daß anderseits Stoffe, welche die Lebensfähigkeit hemmen oder zerstören, auch die Zersetzung der Pflanzenreste nahezu aufheben.*)

Als Maßstab der Geschwindigkeit der Zerlegung organischer Stoffe kann die entwickelte Kohlensäuremenge gelten. Je mehr von derselben gebildet wird, um so stärker ist der Zerfall jener Körper. Setzte man zu verwesenden Stoffen antiseptische Mittel oder erhitzte sie auf eine Temperatur, welche das Leben tödtete, so ergaben sich etwa folgende Verhältnißzahlen, wenn die normale Kohlensäurebildung gleich 100 angenommen wurde.

---

*) Eine vorzügliche Zusammenstellung der Literatur und ausgedehnte eigene Versuche bietet Wollny im Journal für Landwirthschaft 1886. B. 34. S. 213.

Normale Zersetzung entwickelte 100 Theile Kohlensäure. Dieselben Stoffe unter Zusatz von

5 % Thymol	. . . . . .	7.8	Theile Kohlensäure
1 % Quecksilberchlorid	. . .	6.8	" "
5 % Carbolsäure	. . . . .	5.7	" "
Erhitzen auf 115 Grad*)	. .	2.3	" "

Diese Mittel hatten also die Kohlensäureentwickelung auf 2—8 % herabgesetzt.

Der kleine Rest der Kohlensäureentwickelung ist mit großer Wahrscheinlichkeit auf eine chemische Wirkung des Wassers zurückzuführen. Die vollständigste Tödtung der lebenden Wesen und gleichzeitig die Austreibung vom Boden mechanisch gebundener Kohlensäure ist durch das Erhitzen auf höhere Temperatur bewirkt. Für das gegebene Beispiel ist man daher berechtigt anzunehmen, daß 98 % der Verwesungsvorgänge auf die Lebensthätigkeit niederer Organismen und nur 2 % auf rein chemische Wirkungen zurückzuführen sind. Von großer Bedeutung wird dies Verhältniß in Bezug auf die Zersetzung organischer Stoffe; die Verwesung schreitet wesentlich schneller voran als die Fäulniß.

Da wir in der Verwesung also überwiegend Wirkungen lebender Organismen zu sehen haben, so sind alle Bedingungen, welche die Entwickelung derselben steigern, gleichzeitig mächtige Förderer der Verwesung. Als solche sind namentlich zu bezeichnen eine gewisse Höhe der Temperatur, Gegenwart einer genügenden Menge von Wasser, von atmosphärischem Sauerstoff und von bestimmten anorganischen Salzen.

Die Bedeutung der Temperatur. Der Lebensprozeß aller Pflanzen beginnt bei einem Temperaturminimum, steigt bei zunehmender Temperatur bis er seine höchste Höhe erreicht (das sogenannte Optimum der Temperatur) und erlischt bei zu hohen Temperaturgraden durch Vernichtung des Lebens. Die Temperaturen, innerhalb welcher sich die Entwickelung einer Pflanze bewegen kann, ist erheblich verschieden und muß für jede einzelne Pflanzenart festgestellt werden. Erfahrungsmäßig ertragen die bei der Verwesung hauptsächlich in Betracht kommenden Spaltpilze sehr hohe Temperaturen und das Maximum der Lebensthätigkeit liegt für die im Boden vorkommenden Arten bei

*) Einige Pilze ertragen ein Erwärmen auf 100 Grad ohne wesentliche Schädigung.

etwa 60 Grad. Da dies eine Höhe der Temperatur ist, welche unsere natürlichen Bodenarten nie erreichen, so ist man berechtigt auszusprechen, daß die Verwesung um so stärker voranschreitet, je höher die herrschende Temperatur ist. Unter 0 Grad ist die Kohlensäureentwickelung im Boden, und damit die Verwesung nahezu aufgehoben.

Um ein Bild zu geben, in welcher Weise die Verwesung durch die verschiedenen Wärmegrade beeinflußt wird, mögen folgende Zahlen angeführt werden, welche Wollny bei Versuchen mit Komposterde fand:

	10°	20°	30°	40°	50°	
Wassergehalt 44 %	2.80	15.46	36.24	42.61	76.32	CO_2
" 6.8 %	2.03	3.22	6.86	14.69	25.17	CO_2

Setzt man die bei 10° C. stattfindende Kohlensäureentwickelung gleich 1, so ergeben sich folgende Verhältnißzahlen:

		10°	20°	30°	40°	50°
Wassergehalt 44 %	=	1 :	5.5 :	13 :	15.2 :	27.3
" 6.8 %	=	1 :	1.6 :	3.4 :	7.2 :	12.4

Der Einfluß der Feuchtigkeit. Schon in den angeführten Zahlen tritt die Bedeutung des Wassergehaltes auf die Zersetzung hervor. Eingehende Versuche sind von verschiedenen Forschern ausgeführt. So von Wollny, welcher folgende Zahlen für Komposterde fand:*)

	Komposterde mit einem Wassergehalt von:				
bei einer Temperatur von	6.8 %	26.8 %	46.8°		
10° C.	2.03	18.38	35.07	Vol.	CO_2
20° "	3.22	54.24	61.49	"	"
30° "	6.86	63.50	82.12	"	"

Engere Grenzen im Wassergehalte benutzte v. Fodor, der mit künstlichen Gemischen arbeitete und folgende Verhältnisse fand:

Wassergehalt	=	2 %	4 %	8 %	17 %
am 30. Mai 1877		2.0	24.0	41.0	66.0
" 31. " "		3.0	18.6	44.7	79.1
" 9. Juni "		5.0	121.4	138.0	211.4

*) Die angegebenen Zahlen bedeuten die Vol. Kohlensäure in je einem Liter durchgesaugte Luft; da es sich hier ausschließlich um Verhältnißzahlen handelt, so genügen sie zu zeigen, in welch enormem Maße die Zersetzung vom Wassergehalte abhängig ist.

Namentlich der sehr große Sprung zwischen den beiden Erden mit 2 und mit 4% Feuchtigkeit fällt in die Augen.

Natürlich wird jede Bodenart eine bestimmte Wassermenge bedürfen um die Verwesung beigemischter organischer Stoffe zu ermöglichen. Da es sich um den Lebensprozeß von Pflanzen handelt, so werden auch naturgemäß für die Spaltpilze ähnliche Bedingungen gelten wie für die höheren Pflanzen. Bekannt ist, daß diese den verschiedenen Bodenarten sehr wechselnde Wassermengen zu entziehen vermögen. Je reicher ein Boden an humosen Stoffen und an Thonbestandtheilen ist, um so mehr Wasser hält er zurück, welches durch die Pflanzenwurzeln nicht mehr aufgenommen werden kann. So welken z. B. Pflanzen im Moorboden bei einem Wassergehalte desselben, welcher Sandböden schon völlig naß erscheinen läßt. Auch die Verwesung wird daher in den verschiedenen Bodenarten durch wechselnden Wassergehalt verschieden stark beeinflußt werden. Hier galt es jedoch zu zeigen, daß thatsächlich der Wassergehalt eine der maßgebenden Bedingungen der Verwesung ist.

Es ist nun zu fragen, ob in der Natur Böden soweit austrocknen können, daß die Verwesung aufhört. Es ist ein Verdienst von J. Möller*), dies nachgewiesen zu haben. Er benutzte Nadeln von Schwarzkiefer und Weißbuchenlaub mit Sand gemischt; in einem andern Versuche wandte er Komposterde an. Alle Substanzen waren lufttrocken. Innerhalb sechs Tagen wurde von diesen Gemischen keine nennenswerhe Menge von Kohlensäure entwickelt, wohl aber, als ein mäßiger Wasserzusatz erfolgte.

Welche Bedeutung dieser Nachweis, daß die in der Natur vorkommenden Böden bis zur Unterbrechung der Verwesung austrocknen können, hat, wird später bei der Entstehung der humosen Ablagerungen des Waldes gezeigt werden.

Die begünstigende Einwirkung des Wassers erreicht aber bald eine Grenze; ist der Boden gesättigt, so hört der Luftzutritt auf und die Verwesung wird dann durch den Mangel an Sauerstoff herabgesetzt, bezw. treten Fäulnißprozesse auf.

---

*) Mittheilungen aus dem forstl. Versuchswesen Oesterreichs 1878. Bd. I. Heft 2.

Wie wir daher für die Verwesung ein bestimmtes Temperaturoptimum annehmen müssen, ebenso giebt es ein, allerdings für jede Bodenart verschiedenes, Optimum des Wassergehaltes.

Einfluß des atmosphärischen Sauerstoffes. Die Gegenwart atmosphärischen Sauerstoffes wurde schon als eine der Verwesungsbedingungen angegeben. Fehlt derselbe, so hört zwar die Entwickelung von Kohlensäure nicht auf, sie ist nur sehr vermindert, aber die Zersetzung verläuft in anderer Weise, sie wird zur Fäulniß.

Die Schnelligkeit der Verwesung steigt mit reichlicherem Zutritt von Sauerstoff, wenn auch schon ein mäßiger Gehalt, etwa 6—8 %, ausreicht, eine energische Zersetzung zu vermitteln.

Wollny fand folgende Zahlen, als er ein Gemisch von Sauerstoff und Stickstoff in wechselnden Verhältnissen einwirken ließ.

Die durchgeleitete Luft enthielt:

	2 %	8 %	15 %	21 %	Sauerstoff
	98 %	92 %	85 %	79 %	Stickstoff.
Es entwickelten sich aus Sand mit Torfpulver gemengt:	3.62	10.08	10.88	12.51	Kohlensäure.

Auch alle andern mannigfaltig abgeänderten Versuche gaben dasselbe Resultat, zuerst eine rasche, dann langsam fortschreitende Steigerung der Zersetzung bei wachsendem Sauerstoffzutritt.

Salze, Säuren und Basen im Boden. Zur Entwickelung aller Pflanzen ist eine gewisse Menge von aufnehmbaren Salzen nothwendig. Es ist vorauszusetzen, daß auch die Verwesungen bis zu einem gewissen Grade von der Gegenwart mineralischer Nährstoffe beeinflußt wird. Versuche von Wollny zeigen dies.

Humose Bodenarten, durch Behandlung mit Salzsäure ihrer löslichen Mineralstoffe beraubt, zeigten nur $^1/_4$ bis $^1/_5$ der ursprünglichen Kohlensäureentwickelung, Zusatz einer vollständigen Nährstofflösung beförderte die Zersetzung nicht unwesentlich.

Die Versuche von Wollny wurden nur acht Tage fortgesetzt; der Unterschied zwischen den gewöhnlichen und den mit Nährstoff versetzten Boden tritt während einer solchen Zeit nicht all zu scharf hervor.

Ein besseres Bild der bezüglichen Verhältnisse gaben die Versuche des Verfassers; derselbe beobachtete die Kohlensäureentwickelung bei der

Verwesung verschiedener Holzarten, die für sich allein sowie unter Zusatz von Jauche, beziehentlich Jauche und Kainit und Chilisalpeter zur Verwendung kamen. Es ergab sich, daß die Zersetzung durch Zusatz jener Salze, entsprechend den Wollny'schen Versuchen, zunächst nur unerheblich gesteigert wurde, daß sie aber dauernder und gleichmäßiger wurde.

Im Verlauf von drei Monaten stellte sich die gesammte Kohlensäureentwickelung bei Zusatz von Chilisalpeter fast doppelt so hoch als die des reinen Holzes. Man darf daher sagen, daß Gegenwart von genügenden Mineralstoffen die Verwesungen steigert, dauernder und gleichmäßiger macht.

Zusatz von Säuren setzt die Verwesung herab, namentlich wirken hierauf die stärkeren Mineralsäuren, und zwar um so reichlicher, je konzentrirter die Lösung derselben ist. Es genügten schon sehr verdünnte Lösungen (0,1 %), um diese Wirkung hervor zu bringen. Nach den in der Natur vorkommenden Bildungen muß man annehmen, daß auch die organischen Säuren in gleicher Weise wirken. Man hat wohl Ursache, diese Erscheinungen durch die Einwirkung der Säuren auf die niederen Spaltpilze zu erklären. Die Lebensthätigkeit derselben wird erfahrungsmäßig durch Gegenwart freier Säuren erheblich herabgedrückt. Auch diese Thatsache macht sich wahrscheinlich in der Natur bei der Zersetzung der Streumassen bedeutsam geltend. Viele Forscher geben ausdrücklich an, daß in Torf- und Moorböden die Bakterien entweder fehlen oder in sehr geringer Menge vorhanden sind, wahrscheinlich eine Wirkung der organischen Säuren, welche in jenen Bodenarten vorhanden sind.

Alkalien oder alkalische Erden begünstigen im Ganzen die Verwesungen, solange sie in nicht zu großen Mengen zugesetzt werden. Für Kalilauge ist dies von Wollny nachgewiesen. Für Aetzkalk und Kalkcarbonat zeigt es sich, daß der Aetzkalk die Verwesung unzersetzter Pflanzenreste verzögerte, die Zersetzbarkeit humoser Stoffe (Torf) dagegen steigerte. In gleicher Weise wirkte nach Petersen der kohlensaure Kalk auf eine Laubholzerde von stark sauerer Reaktion. Durch Zusatz von 1 % kohlensaurem Kalk wurde die Kohlensäureentwickelung um fast das vierfache, bei Zusatz von 3 % Kalk um fast das sechsfache gesteigert. Die Ursache dieser Erscheinung klärte Wollny auf. Der

Kalk sättigt die Humussäure und bildet Verbindungen, welche sich mehr als doppelt so rasch zersetzen als die reinen Humussäuren. Dem entsprechend findet man in der Natur erfahrungsmäßig, daß die kalkreichen Bodenarten humusärmer sind als die kalkarmen.

Einwirkung der Thiere auf die Umbildung organischer Stoffe. Das Thierleben ist auf die Ernährung durch Pflanzenstoffe angewiesen. Immer muß die Zahl der fleischfressenden Thiere eine geringere sein, als die jener Arten, welche sich der Pflanzenernährung bedienen. Die klorophyllführenden Pflanzen bilden unter Mitwirkung des Lichtes aus Kohlensäure und Wasser hochzusammengesetzte organische Stoffe. Das Thierreich vermag nur diese zur Ernährung zu verwerthen. Der Lebensprozeß der Thiere wird durch die Verbrennung der von Pflanzen gebildeten Stoffe zu einfachen Verbindungen, insbesondere zu Kohlensäure und Wasser, unterhalten. Es ist verständlich, daß das reiche Thierleben, welches sich überall entwickelt wo die Bedingungen seines Auftretens gegeben sind, die Zersetzung der organischen Stoffe bedeutsam fördert. Neben der Wirkung der Bakterien haben wir daher in den Thieren ein zweites Agens, welches die Umwandlung der Pflanzenreste in Kohlensäure und Wasser vermittelt. Alle die mannigfachen Thierarten, welche in und auf dem Boden vorkommen und sich von Pflanzenresten nähren, wirken hierin mit. Bisher ist nur die Thätigkeit der Regenwürmer eingehender untersucht worden. Die Forscher, welche sich mit den Lebensvorgängen dieser Thiere beschäftigten,*) schreiben denselben einen großen, vielfach sogar einen maßgebenden Einfluß auf die Zersetzung der Abfallreste zu. Es kann nicht geleugnet werden, daß eine solche Einwirkung besteht, wenn sie auch wohl vielfach überschätzt worden ist.

Es ist leider nicht möglich die Einwirkung der Thiere auf die Zersetzung der organischen Substanzen so einfach abzumessen, wie dies durch die Beobachtung der Kohlensäure-Entwickelung für die der Bakterien möglich war.

So weit unsere jetzige Kenntniß geht, muß man der Lebensthätigkeit der Bakterien die weitaus größere Bedeutung zuschreiben. Bei

*) Hensen, Landwirthsch. Jahrbücher 1882 S. 661. — Darwin, Bildung der Ackererde. Stuttgart 1886. — Müller, die natürlichen Humusformen. Berlin 1887.

der Zersetzung der Düngerarten in großen Haufen spielen die Thiere eine kaum nennenswerthe Rolle, und daß auch die Abfallreste des Waldes vorwiegend durch Bakterien zersetzt werden können und wahrscheinlich auch werden, zeigt ein Versuch des Verfassers.*)

500 Gramm abgestorbenes Eichenlaub wurde in einem Regenmesser der Einwirkung der Atmosphärilien ausgesetzt. Innerhalb eines Sommers war das Gewicht der Eichenlaubstreu auf 225 Gramm zurückgegangen, im zweiten Jahre auf 135 Gramm. In den Abflußwassern fanden sich nur 12—15 Gramm gelöster organischer Stoffe. Der Gewichtsverlust der Pflanzensubstanz betrug im ersten Jahre 55 %, im zweiten 18 %.

Eine Einwirkung der Thierwelt war hierbei ausgeschlossen; obgleich die Verhältnisse der Entwickelung der Bakterien nicht günstig waren, ist man doch berechtigt die weit fortgeschrittene Zersetzung auf ihre Thätigkeit zurückzuführen.

Betrachten wir die Vorgänge der Verwesung, so beruhen dieselben, vom chemischen Standpunkt aus betrachtet, auf Oxydation der organischen Stoffe und auf ihre Umbildung zu einfachen Verbindungen, insbesondere zu Kohlensäure und Wasser; physiologisch betrachtet auf dem Lebensprozeß der niederen Pflanzen- und Thierwelt. Alle Thatsachen welche den letztern steigern, fördern auch die Verwesung. Als solche sind besonders zu bezeichnen: eine genügende Temperatur und genügende Feuchtigkeit, so wie reichlicher Zutritt von atmosphärischem Sauerstoff. Das Fehlen oder ein zu geringes Maß einer dieser Bedingungen hebt die Verwesung auf oder schränkt sie erheblich ein.

Die Fäulniß.

Während die Verwesungsvorgänge an die Gegenwart von freiem Sauerstoff gebunden sind, tritt beim Fehlen desselben eine anderartige Zersetzung ein; man bezeichnet dieselbe als Fäulniß.

Die Fäulniß kennzeichnet sich äußerlich durch das Auftreten unangenehm riechender Stoffe (den Verbindungen des Stickstoffes und Schwefels angehörig) und durch das Auftreten brennbarer Gase, sowie, daß ein größerer oder geringerer Theil organischer Pflanzenreste

*) Zeitschr. für Forst- und Jagdwesen. 1888, S. 4.

in dunkel gefärbte, torfartige Massen umgewandelt wird. Während demnach die Verwesung zuletzt eine vollständige Umwandlung der organischen Stoffe in Kohlensäure und Wasser und so ein Verzehren derselben herbeiführt, geht aus der Fäulniß der Pflanzenstoffe ein Rückstand dunkel gefärbter nur sehr schwer angreifbarer Pflanzenreste hervor.

Chemisch betrachtet charakterisirt sich die Fäulniß durch Vorwiegen von Reduktionsprozessen. Die Vorgänge derselben, sowie die entstehenden Produkte sind sehr mannigfaltig zusammengesetzt. Der Fäulniß sind die verschiedensten organischen Stoffe fähig.

Die einfachsten Vorgänge der Fäulniß sind namentlich von Hoppe-Seyler untersucht.*) Er brachte ameisensauren Kalk ($Ca[CHO_2]_2$) mit einer kleinen Menge von Kloakenschlamm zusammen und untersuchte die Zersetzungsstoffe. Es entwickelten sich je zwei Volum Wasserstoff auf ein Volum Kohlensäure; im Rückstande fand sich kohlensaurer Kalk. Man kann die Zersetzung durch folgende Formel ausdrücken

$$CaC_2H_2O_4 + H_2O = CaCO_3 + CO_2 + 4H$$

ameisensaurer Kalk — Wasser — kohlensaurer Kalk — Kohlensäure = 1 Molekül — Wasserstoff = 2 Moleküle

Es ist also die Mitwirkung von Wasser nothwendig um die Zerlegung zu bewirken. Der Wasserstoff ist zumal im Augenblicke des Freiwerdens aus chemischer Bindung eines der stärksten bekannten Reduktionsmittel und entzieht den meisten Sauerstoff enthaltenden Verbindungen denselben. Auf dieser reducierenden Wirkung des Wasserstoffes beruhen wohl hauptsächlich die mannigfachen Umsetzungen, welche bei der Fäulniß auftreten, wenn man auch der Neigung höher zusammengesetzter, organischer Verbindungen, sich zu oxydieren (also ebenfalls reducierend zu wirken) energisch mitwirkt.

Außer Kohlensäure und freiem Wasserstoff entwickelt sich bei der Fäulniß celluloseхaltiger Körper noch Sumpfgas (Methan, CH_4) in größerer Menge. Direkt läßt sich dieser Vorgang bei der Fäulniß von essigsaurem Kalk verfolgen; derselbe zerfällt unter Mitwirkung von Wasser in kohlensauren Kalk, Kohlensäure und Sumpfgas

$$CaC_4H_6O_4 + H_2O = CaCO_3 + CO_2 + 2CH_4$$

essigsaurer Kalk — Sumpfgas.

*) Archiv für ges. Physiologie 12 S. 1.

In der Natur treten die beiden Fäulnißprozesse, die man mit Recht als der Gährung des Zuckers und der Umwandlung desselben in Alkohol und Kohlensäure ähnlich betrachtet, häufig, aber nur selten gemeinschaftlich auf. Zumeist findet man entweder Fäulnißvorgänge die ausschließlich Wasserstoff oder Sumpfgas entwickeln. Namentlich bei der Fäulniß der Cellulose tritt die letztere ein.

Wie bei der Verwesung bilden sich auch bei der Fäulniß zahlreiche Zwischenprodukte, darunter viele von ausgesprochen sauren Eigenschaften. Zu diesen gehört die Klasse der chemisch schwer definirbaren „Humussäuren", aber auch die verschiedenartigsten andern organischen Säuren können entstehen. So fand Kraut*) im Abflußwasser eines Baches Buttersäure und Capronsäure, Lehmann**) im Wasser des Marienbader Moores Ameisensäure in reichlicher Menge, Essigsäure und Spuren anderer organischer Säuren. Unter Heidetorf hat der Boden oft mehrere Fuß tief deutlich saure Reaktion. Trocknet man humusreiche Walderden bei höherer Temperatur, so ist der Geruch nach Ameisensäure oft unverkennbar. Alles dies sind Beispiele, die sich noch zahlreich vermehren lassen würden, die zeigen, daß bei der Fäulniß mannigfache organische Säuren entstehen.

Die rasch voranschreitende Fäulniß der organischen Stoffe erfolgt zumeist unter Mitwirkung von Bakterien; es wird aber gleich gezeigt werden; daß auch das Wasser als solches eine der Lebensthätigkeit jener kleinsten Spaltpilze ähnliche, wenn auch viel langsamer wirkende Zersetzung der organischen Stoffe herbeiführt.

Die experimentelle Untersuchung der Fäulniß bietet erhebliche Schwierigkeiten, wenn auch der hauptsächliche Verlauf derselben erkennbar bleibt. Man hat sich namentlich mit der Fäulniß einfacher zusammengesetzter und der stickstoffhaltiger Körper beschäftigt. Einige der ersteren sind oben angeführt, die letzteren liegen außerhalb des Bereiches dieser Darstellung.

Die Einwirkung des Wassers ist in zwei nahe verwandten Vorgängen zu verfolgen. Einmal in der noch immer voranschreitenden

---

*) Ann. d. Chem. u. Pharm. 103 S. 29.

**) Erdmann's Journ. 65 S. 457 citirt nach Mulder, Chemie der Ackerkrume 1 S. 363.

Umbildung der mineralischen Kohlen und anderseits bei der des Torfes. Bekannt sind die in Stein- und Braunkohlenwerken auftretenden schlagenden Wetter. Sie werden bedingt durch Sumpfgas, welches zumeist in Spalten der Kohlengesteine, oft sogar unter erheblichem Druck, eingeschlossen ist. Es kann nur durch die Einwirkung des Wassers auf die organischen Stoffe gebildet worden sein.

Ein gutes Bild der allmählich fortschreitenden Anreicherung der Kohlen an Kohlenstoff und Abgabe des ursprünglich enthaltenen Wasserstoffes giebt die Zusammensetzung der hauptsächlichsten Mineralkohlen. Es enthalten:

	Anthracit	Steinkohle	Braunkohle	Holzfaser
Kohlenstoff	über 90 %	75—94 %	55—75 %	51.4—52.6 %
Wasserstoff	0.5—3 %	0.5— 5 %	3— 6 %	5.5— 6 %
Sauerstoff	0—3 %	3—20 %	19—26 %	42—43 %

In ähnlicher Weise hat man versucht die Vorgänge der Torfbildung analytisch zu verfolgen. Thatsächlich zeigt sich auch hier eine Anreicherung der tieferen Schichten an Kohlenstoff, oder was dasselbe sagen will, eine Abnahme von Wasserstoff und Sauerstoff. Einige Beispiele mögen dies erläutern. Der Einwurf ist jedoch nicht ausgeschlossen, daß die tieferen Lagen aus anderen Pflanzenarten entstanden sein können, die reicher an inkrustirender Substanz (Lignin, die Verdickungsschichten der Zellwände, mit höherem Kohlenstoffgehalt als der Zusammensetzung der Cellulose entspricht) gewesen sind als die Torfmoose.

Es enthielten nach Detmer*) drei Torfproben von Jeßbeck. (I deutliche Pflanzenreste, II und III mehr gleichartige humose Massen; I ist der Oberfläche, II aus 7 Fuß, III aus 14 Fuß Tiefe entnommen.)

	I	II	III
Kohlenstoff	57.75	62.02	64.07
Wasserstoff	5.43	5.21	5.01
Sauerstoff	36.02	30.67	26.87

*) Landwirthsch. Versuchs-Stationen 14 S. 248.

Bessere Aufklärung über diese Vorgänge hat die mikroskopische Untersuchung ergeben. Wir verdanken namentlich J. Früh*) gründliche hierauf bezügliche Untersuchungen. Er konnte im Torf schrittweise die Umwandlung einzelner Zellen oder ganzer Pflanzentheile in Humussubstanzen verfolgen. Er giebt ferner an (S. 39) im Torf keine Bakterien gefunden zu haben und schließt ihre Abwesenheit auch aus dem Vorkommen gallertartiger Algen in manchen Torfarten (den Lebertorfen). Diese könnten nicht mehr unterscheidbar sein, wenn sie durch Bakterien verändert sein würden.

Von großer Bedeutung ist endlich noch die Reduktion von Mineralstoffen, welche leicht Sauerstoff abgeben durch Fäulnißprozesse. Es ist namentlich das Eisenoxyd, bezw. dessen Hydrat, welches durch verbreitetes Vorkommen und leicht erkennbare Eigenschaften die Umbildung zu Oxydul, am häufigsten zu kohlensaurem Eisenoxydul bemerkbar macht. Experimentell ist dies zuerst durch Stenhouse nachgewiesen; er brachte Pflanzenreste aller Art in eine Lösung von schwefelsaurem Eisenoxyd und konnte rasch das Auftreten von Eisenoxydul nachweisen; durch Torf war nach ein bis zwei Stunden alles Eisenoxyd reducirt.*)

Im Boden lassen sich gleichartige Vorgänge oft verfolgen; sie zeigen sich schon äußerlich durch helle, weiße oder graue Farbentöne an, während die Farbe des unveränderten Bodens bräunlich oder röthlich ist.

Verwesungs- und Fäulnißvorgänge sind in der Natur nicht immer getrennt. Es wird sehr häufig vorkommen, daß organische Stoffe an der Oberfläche verwesen, während im Innern derselben Fäulnißprozesse sich abspielen. Es ist endlich nachweisbar, daß vielfach die Verwesung durch Austrocknen, niedere Temperatur u. dergl. unterbrochen werden kann und so unter Umständen Umbildungen der organischen Stoffe, namentlich der Pflanzenreste, eintreten können, welche dem der Fäulniß nahe stehen, bezw. mit ihnen gleichartig sind. Zur näheren Kenntniß dieser Vorgänge ist es nothwendig, einen Blick auf die Umbildung bezw. Anhäufung der organischen Reste in der Natur zu werfen.

---

*) Dr. J. J. Früh, Torf und Dopplerit. Zürich 1883.

**) Ann. d. Chem. u. Pharm. 51 S. 284; citirt nach Mulder, Chemie der Ackerkrume 1 S. 432.

III. Die in der Natur vorkommenden humosen Bildungen.

Man kann die humosen Bildungen in zwei große Klassen bringen: 1. in solche, welche unter Wasser zur Ablagerung gekommen sind und 2. solche, welche auf dem Trockenen erfolgen. Für die Zwecke dieser Abhandlung sind die ersten von geringerer Wichtigkeit, sie können dementsprechend nur im Umriß dargestellt werden.

1. Die unter Wasser entstehenden organischen Ablagerungen.

Wir folgen für diese Stoffe der Eintheilung v. Post's, welcher sie in Schlamm, Moor und Torf schied; demselben Forscher verdanken wir auch wichtige Angaben über ihre Bildungsweise.*)

1. Schlamm; graue bis grau- oder grünbraune Massen, die in Seen und Flüssen mit klarem, sauerstoffreichen Wasser zur Ablagerung kommen, in der Regel aber nur wenig mächtige Schichten bilden.

Der Schlamm besteht hauptsächlich aus dem Kothe der Wasserthiere, Resten von Algen und Infusorien und aus einer sehr feinkörnigen grauen Masse, die keine organisirte Struktur mehr erkennen läßt. Verfolgt man die Bildung des Schlammes, so entsteht er aus dem Kothe der Wasserthiere, der durch Bakterien weiter zersetzt und in die graue gleichmäßige Masse umgewandelt wird. Der Schlamm ist also eine überwiegend durch die Lebensthätigkeit der Thiere in sauerstoffreichen Gewässern entstandene Bildung.

2. Moor. Moorböden sind Ablagerungen organischer Stoffe, in denen organisirte Pflanzenreste nicht mehr deutlich sichtbar sind. Sie bilden sich in stehenden und fließenden Gewässern aus schwimmenden Wasserpflanzen, deren Reste sich die der in den Gewässern lebenden Thiere beimischen. Moor bildet sich in Gewässern, welche eine reichliche schwimmende Flora besitzen und deren Wasser durch kleine Mengen

*) Der wichtigste Theil der v. Post'schen, ursprünglich in schwedischer Sprache veröffentlichten Abhandlung ist vom Verfasser übersetzt und in den Landwirthschaftlichen Jahrbüchern abgedruckt worden (1888).

gelöster Humussubstanzen dunkel gefärbt erscheinen. Eine andere Form der Moorböden geht aus der fortgesetzten Verwitterung und Umbildungen der Grünlandstorfe hervor.

3. Torf. Torf besteht überwiegend aus Pflanzenresten, die als solche noch deutlich erkennbar sind. Man unterscheidet

a. Grünlandstorf,

b. Hochmoortorf.

a. Der Grünlandstorf entsteht überwiegend aus Cyperaceen (Carex- und Scirpusarten), aus Schilf und ähnlichen Wasserpflanzen, welche mit ihren Wurzeln im Wasser wachsen und mit Stengel und Blättern über dem Wasser hervorragen. Die Bildung von Grünlandstorf ist an die Gegenwart kalkreichen Wassers gebunden.

b. Hochmoortorf oder Moostorf besteht hauptsächlich aus den Resten der Torfmoose; er ist eine lockere, aus Pflanzenresten bestehende Masse, in der man nicht selten schon mit bloßem Auge die Pflanzenarten erkennen kann, welche ihn zusammensetzen. Die Bildung eines Hochmoores ist an die Gegenwart von kalkarmem, weichem Wasser gebunden. Ob ein Grünlands- oder ein Hochmoor entsteht, wird daher ausschließlich von dem Salzgehalt der Gewässer bedingt. Hochmoore können jedoch aus Grünlandsmooren hervorgehen, wenn die Schicht derselben sehr mächtig wird und eine Absorption der gelösten Kalksalze in den humosen Stoffen eintritt.

2. Die auf dem Trockenen gebildeten Humusformen.

Das Studium der Humusbildungen ist trotz seiner hohen Wichtigkeit lange Zeit vernachlässigt worden. Bezeichnungen wie milder Humus, saurer Humus, adstringierender Humus, Wild- und Roh-Humus zeigen, daß man die Verschiedenartigkeit der Humusbildung erkannte, wenn auch ihre Wichtigkeit noch lange nicht im vollen Maaße gewürdigt wurde. Zu der Zeit als man den Humus für den wichtigsten Stoff zur Ernährung der Pflanzen hielt, war eine forstliche Bodenkunde noch in den ersten Anfängen; die Entwickelung derselben beginnt erst nach den Ausbreitungen der Liebigschen Mineralstofftheorie der Pflanzenernährung. Die Praxis erkannte allerdings die wichtigen Unterschiede in dem Verhalten ungleicher Humusformen und ihre Bedeutungen bei Verjüngung oder Neukultur, aber trotzdem galt der Humus nur als ein physikalisch wichtiger Gemengtheil des Erdbodens; erst die neueste Zeit hat nach zwei Richtungen die ganze Bedeutung des Humus und der Humusstoffe hervortreten lassen. Hervorzuheben sind die Untersuchungen von Frank über die Verwachsung der Baumwurzeln mit Pilzen (Micorhiza) und von Müller über die natürlichen Humusformen. Als Micorhiza bezeichnet Frank eine eigenartige Verwachsung der Wurzelspitzen vieler Bäume mit Pilzen; die Hyphen (Fäden) derselben umspinnen die Wurzelspitzen und verwachsen so innig mit denselben, daß der aus der Verwachsung hervorgehende Pflanzenkörper einheitlich erscheint. Beispiele eines solchen Zusammenlebens (Symbiose) verschiedener Arten bieten ja im Pflanzenreich unter andern die Flechten in hervorragender Weise. Da die Pilze befähigt sind ihren Bedarf an organischen Stoffen aus den humosen und andern hoch zusammengesetzten Körpern zu decken und ein Austausch zwischen dem Inhalte der dem Pilzkörper und dem Baumkörper angehörigen Zellen stattfinden muß, so kann man die Möglichkeit nicht bestreiten, daß die Bäume im Stande sind auch aus dem Boden organische Stoffe aufzunehmen und sie zu ihrer Entwickelung zu verbrauchen.

Während die Untersuchungen Franks die Lebensthätigkeit der Bäume betreffen, zeigen die Beobachtungen Müllers die Umbildungen, welche unter dem Einfluß verschiedener Humusformen im Boden vor sich gehen. Diese scharf erkannt zu haben ist das große Verdienst Müllers und vielleicht die wichtigste waldbauliche Entdeckung, welche in den letzten Jahrzehnten gemacht worden ist. Müller bringt die natürlichen Humusformen in zwei große Gruppen, welche er als Mull und Torf unterscheidet.

„Mull" nennt Müller die Humusform, welche man bisher in unserer Litteratur als „milden oder gesunden Humus" bezeichnete. Die Einführung des Ausdruckes Mull für eine wohl charakterisirte Humus- und wie wir später sehen werden auch Bodenform, ist glücklich gewählt und mit Freuden zu begrüßen.

„Torf" sind im Sinne Müllers alle Anhäufungen dicht gelagerter, in größerer Menge auftretender humoser Pflanzenreste, welche man bisher als „sauren Humus" oder als „Rohhumus" bezeichnete.

Mull und Mullboden.

Aller gesunder Boden im Walde zeichnet sich dadurch aus, daß er nur mit einer schwachen, sehr selten mächtigeren Schicht von Streu bedeckt ist. Die einzelnen Bestandtheile derselben liegen lose auf- und untereinander. In weitaus den meisten Fällen ist die Streuschicht von nur sehr geringer Mächtigkeit und würde dem Gewichte nach höchstens dem Streuabfalle eines Jahres entsprechen, nur in Mulden sammeln sich größere Streu- und Laubmassen an. Bezeichnend ist die Ausbildung des Mull in geschlossenen Buchenbeständen. Die Verhältnisse einer solchen Oertlichkeit sollen zunächst als Beispiel dienen. (Vergleiche Müller, natürliche Humusformen.) Entfernt man die Streudecke, so erscheint der Boden von dieser scharf getrennt und von grau bis schwarzbrauner Farbe, und krümlicher Struktur.

Untersucht man die Erde, so reicht die Krümelstruktur oft mehr als Meter tief und soweit ist der Boden durchaus locker. Die oberste Bodenschicht ist auf Sandböden grau bis bräunlich grau und meist von dem unterliegenden bräunlich gefärbten Boden scharf geschieden. Nur selten findet sich eine undeutliche Grenze zwischen Beiden und auch da ist es weniger ein Uebergehen der Schichten in einander als ein verschieden tiefes Hinabreichen der grauen in die braune Schicht.

Auf Lehmböden oder sandigem Lehm fehlt die grau gefärbte Schicht häufig vollständig, oder ist doch nur in geringer Mächtigkeit gebildet. Unterhalb der gekrümelten Schicht ist der Boden fester zusammengelagert. Die Grenze zwischen der lockeren obenliegenden und der festeren untenliegenden Schicht ist bei Sandböden in der Regel erkennbar, wenn auch meist nicht scharf geschieden. Aeußerlich macht sich die Grenze meist dadurch bemerkbar, daß die hauptsächliche Wurzelentwickelung der Waldbäume in die gekrümelte Schicht fällt.

Bei Lehmböden ist die Ausbildung eine sehr verschiedene, je nachdem die Verwitterung mehr oder weniger weit fortgeschritten ist. Typische Beispiele geben die Verwitterungsböden der Diluvialmergel. Aus der Verwitterung derselben gehen zunächst durch Wegführung des kohlensauren Kalkes Lehmböden hervor, welche durch allmähliche Verschlämmung einen Theil ihres Thongehalts verlieren und in sandigen Lehm beziehentlich lehmigen Sand übergehen können. Die Grenze der lockeren Bodenschicht geht, wenn die Verwitterung noch nicht tief eingedrungen ist, zumeist mit dieser parallel, man findet dann zuweilen eine nur 20—30 mächtige Lehmschicht auf unverändertem Mergel. Die Grenze zwischen Lehm und Mergel ist von der Form der Bodenoberfläche zumeist unabhängig, aber scharf ausgebildet. Ist die Verwitterung sehr tief fortgeschritten, so finden sich oft mehrere Meter mächtige Schichten von lehmigen Sanden. Diese verhalten sich in Bezug auf die Krümelung der oberen Bodenschichten den Sandböden ähnlich.

Müller beschreibt aus dem dänischen Diluvium eigenthümliche Einlagerungen in Lehmböden. Er giebt an, daß zwischen dem oberen lockeren Boden und dem tieferliegenden eine sehr feste, heller gefärbte, oft fast weißliche Schicht eingelagert sei (die gewöhnlich eine Mächtigkeit von 15—60 cm hat). Müller bezeichnet diese Schicht als „Thonortstein". Solche Bildungen scheinen nicht in allen ähnlichen Böden verbreitet zu sein, wenigstens hat der Verfasser in den Lehmböden des deutschen Diluviums nur in einzelnen Fällen eine dem Thonortstein Müllers entsprechende Schicht auffinden können, obgleich er vielfach und sorgfältig danach gesucht hat. Der Verfasser hatte durch die Güte des Herrn Oberforstmeister Müller Gelegenheit diese Bildung auf Seeland zu sehen, war also mit den Eigenthümlichkeiten derselben bekannt.

Faßt man das bisher über Mull und Mullboden Gesagte zusammen, so findet man eine dünne, lose aufliegende Streuschicht und den darunterliegenden Boden locker und in ausgeprägter Krümelstruktur.

Die Bodenflora ist auf Mullboden eine sehr charakteristische und umfaßt diejenigen Pflanzenarten, welche zumeist als eigentliche Humuspflanzen bezeichnet werden. In Buchenwäldern ist es namentlich der Waldmeister (Asperula odorata), Perlgras (Melica uniflora und M. nutans), der Buchenfarrn, das Flattergras (Milium effusum), Anemone nemorosa und A. ranunculoides; in Eichen- und Kiefernwäldern die ganze zahlreiche Flora, welche man unter dem Namen der „Waldblumen" zusammenfaßt. Dahin gehören die Campanulaarten, Galiumaarten und viele andere. Für den Kiefernboden ist noch die Abwesenheit der Heide, der Beerkräuter und zum Theil auch des Adlerfarrens bezeichnend.

Analysirt man Mullboden, so gelten für Sandbodenarten die auch sonst gefundenen allgemeinen Regeln.*) Die lockeren Sande beziehentlich die in denselben enthalten Silikate verwittern in ganz ähnlicher Weise wie dies für Bodenarten gilt, welche aus anstehenden Gesteinen (hier zum Vergleich also Sandstein) hervorgehen. Alkalien und alkalische Erden werden weggeführt, während wasserhaltige Silikate der Thonerde und wohl auch des Eisenoxydes zurückbleiben.

Bei Analysen für bodenkundliche Zwecke ist es nothwendig, durch Behandeln der zu untersuchenden Erdarten mit Säuren wenigstens eine annähernde Bestimmung der für Pflanzen leichter aufnehmbaren Bestandtheile auszuführen.

Ein ausgesprochener Mullboden der Oberförsterei Eberswalde, mit 100—120jährigen gutwüchsigen Kiefern und 40—60jährigen Buchen als Unterholz bestanden, ergab bei der Analyse folgende Zahlen für die wichtigsten Stoffe.

Bodenprofil:

16 cm schwach humoser Sand,
30 cm bräunlich gelber Sand

auf weißem Sand.

Es enthielten:

a. Der humose Sand:

	Löslich in Salzsäure % des Bodens	Unlöslicher Rückstand des Salzsäure-auszuges	Gesammtgehalt des Bodens
Kali (K_2O)	0.020	0.96	0.98
Kalk (CaO)	0.019	0.36	0.38
Magnesia (MgO)	0.025	0.06	0.08
Eisenoxyd (Fe_2O_3)	0.197	0.69	0.89
Thonerde (Al_2O_3)	0.174	2.84	3.01
Phosphorsäure (P_2O_5) . . .	0.040	0.05	0.09

*) Vergl. E. Ramann, Die Verwitterung diluvialer Sande. Jahrb. der preuß. geolog. Landesanstalt 1884.

b. Der gelbe Sand:

	Löslich in Salzsäure % des Bodens	Unlöslicher Rückstand des Salzsäureauszuges	Gesammtgehalt des Bodens
Kali	0.035	1.19	1.23
Kalk	0.041	0.43	0.47
Magnesia	0.052	0.07	6.12
Eisenoxyd	0.215	0.76	0.98
Thonerde	0.272	2.40	2.67
Phosphorsäure	0.068	0.04	0.11

c. Der weiße Sand:

	Löslich in Salzsäure % des Bodens	Unlöslicher Rückstand des Salzsäureauszuges	Gesammtgehalt des Bodens
Kali	0.048	1.04	1.09
Kalk	0.041	0.32	0.36
Magnesia	0.055	0.06	0.12
Eisenoxyd	0.241	0.68	0.92
Thonerde	0.132	2.48	2.61
Phosphorsäure	0.030	0.07	0.10

Es zeigt sich also, daß der oberste, humusreiche Boden die am stärksten verwitterte und durch Auswaschung an löslichen Stoffen theilweise verarmte Schicht bildet. Daß in den gelb gefärbten Sanden die eigentliche Verwitterungszone des Bodens vorliegt, die dem entsprechend am reichsten an löslichen Salzen, von mittlerem Gehalt an unlöslichen Stoffen ist, während der weiße Sand den noch kaum angegriffenen Rohboden darstellt. Es wird bei den Umbildungen, welche der Boden bei Torfbedeckung erleidet, gezeigt werden, welche Bedeutung diese drei Bodenschichten beanspruchen können.

In Lehmböden zeigen sich ähnliche Verhältnisse, wenn auch nicht so scharf ausgeprägt wie in den Sanden. Der geringere Gehalt der letzteren an Silikaten, die Gleichartigkeit der Korngröße und die dadurch bewirkten einfacheren Verhältnisse für Wasserleitung u. dergl. lassen überhaupt die Sandböden zur Untersuchung weitaus am geeignetsten erscheinen.

Torf und die Beschaffenheit der unterlagernden Bodenarten.

Als Torf bezeichnet Müller alle die Anhäufungen größerer Mengen halb zersetzter organischer Reste, die man bisher zumeist Roh- und Wildhumus genannt hat. Da eine Aehnlichkeit mit den Eigenschaften der echten, unter Wasser gebildeten Torfböden unverkennbar ist, so kann man die gewählte Bezeichnung beibehalten, obwohl ein selbstständiger Ausdruck wünschenswerth sein möchte.

Am häufigsten sind die Rohhumusablagerungen in Buchenwäldern zu beobachten; wenn sie auch in den verschiedensten andern Beständen nicht fehlen. Müller beschreibt noch das Vorkommen in Fichten- und Eichenwaldungen; aber auch unter Kiefern sind ähnliche Bildungen häufig zu finden, wenn sie auch nur selten zu so massenhaften Anhäufungen werden, wie dies unter Buche oder Fichte stattfindet. Im Kiefernwalde trägt überhaupt die Bodenflora, sowohl Moose als auch namentlich Heide und die Beerkräuter, überwiegend zur Bildung von Rohhumus bei.

Torf in Buchenwäldern (nach Müller).

Untersucht man den Rohhumus der Buchenwälder genauer, so erkennt man, „daß Abfälle des Buchenwaldes, Blüthen, Blätter, Knospenschuppen und Fruchtschalen neben einem unendlich verzweigten Gewebe von größtenteils feinen Wurzeln die Hauptmasse dieser Schicht ausmachen." In dickeren Schichten macht sich oft eine gewisse horizontale Schichtung bemerkbar, die durch übereinander gelagerte Buchenblätter hervorgebracht wird, zwischen denen sich die Wurzeln der Bäume und Pflanzen ausbreiten. Je tiefer man in die Torfschichten eindringt, um so mehr sind die Abfälle zersetzt und mit einem feinen braunschwarzen Pulver vermischt.

Unter dem Mikroskop erkennt man ferner, daß die ganze Masse übersponnen und durchwebt ist von sehr zähen, schwarzbraunen Pilzfäden, die außerordentlich widerstandsfähig und schwer zersetzbar sind. Dieses

Pilzmycel gehört wahrscheinlich einer Cladosporiumart an, die Rostrup Cladosporium humifaciens genannt hat.

Chemisch betrachtet unterscheidet sich der Buchentorf durch seinen hohen Gehalt an Humussäuren, welche häufig eine stark saure Reaktion des Humus bewirken von den Mullböden.

Während Tuxen (a. a. O. S. 102) in letzteren keine freien Humussäuren nachweisen konnte und auch durch Behandlung mit kohlensaurem Natron nur ungefähr 1/2 Prozent der humosen Stoffe gelöst wurden, zeigte sich im Buchentorf ein Gehalt von 0,05—0,29 % in Wasser löslicher Humussäuren und 8—9 % der ganzen Masse wurde durch kohlensaures Natrium ausgezogen.

Die Flora des Buchentorfes ist eine an Arten arme und überhaupt spärliche. Müller giebt für Dänemark als bezeichnende Pflanzen Trientalis europaea und Aira flexuosa an. Für unsere norddeutschen Gebiete ist es namentlich das letztere Gras und sind es die Beerkräuter, namentlich die Heidelbeere, welche den Torf anzeigen; ebenso gehört Majantenum bifolium überwiegend denselben an, kommt aber auch, wie Melampyrum pratense, auf gutem Mullboden vor.

Torfbildungen in Eichenwäldern sind viel seltener als in Buchenbeständen. Der Torf selbst ist nach Müller viel stärker zersetzt und in eine gleichartigere Humusmasse umgewandelt.

Unter Fichten finden sich ebenfalls häufig Schichten von Rohhumus, und ebenso unter Kiefern. Die letzteren, welche Verfasser am häufigsten zu beobachten Gelegenheit hatte, finden sich zumeist unter einer einheitlichen Moosdecke, sind hell gefärbt, im Sommer sehr trocken und von faseriger Struktur. Diese Rohhumusmassen sind der Boden, auf dem sich später Beerkräuter und Heide, an den feuchteren Stellen wohl auch Adlerfarren ansamt, und die Reste dieser Pflanzen sind es namentlich, welche zur Torfbildung Veranlassung geben und nur zu häufig den Boden mit starken Lagen von Rohhumus bedecken.

Alle diese verschiedenen Waldbäume, theils allein, theils unter Mitwirkung der Bodenflora, können also Torf erzeugen und es ist wahrscheinlich, daß ein gleiches von den verschiedensten Vegetationen gilt. Allerdings sind die Abfälle der einzelnen Pflanzenarten in ihrer torfbildenden Eigenschaft verschieden. Am stärksten ausgeprägt ist diese wohl bei der Buche, es folgt dann die Fichte; in den lichteren Eichen-

und Kiefernwäldern sind es wohl in den meisten Fällen Beerkräuter und Heide, deren Abfallmassen die Ursache einer reicheren Rohhumusbildung sind.

Die Veränderung des Bodens unter dem Rohhumus (Torf).

Es ist das bedeutende Verdienst Müllers, gezeigt zu haben, daß mit dem Auftreten von Rohhumus eine erhebliche Veränderung des unterliegenden Bodens fast untrennbar verbunden ist. Eine Veränderung, die so stark werden kann, daß die Nachzucht und überhaupt der Wald in seinem Bestande gefährdet werden kann.

Es ist am nützlichsten, die Darstellung der am schärfsten ausgebildeten Umwandlung der Böden zuerst darzulegen und erst dann die allmähliche Entstehung derselben zu verfolgen.

Untersucht man Waldböden, namentlich in den nördlicheren feuchteren Gebieten, wo die Torfbildung besonders stark auftritt, so findet man eine mehr oder minder mächtige, oft drei und mehr Dezimeter starke Rohhumusschicht, die sich entweder scharf vom unterliegenden Boden abheben oder auch allmählich in diesen übergehen kann.

Unter dem Rohhumus findet man den Boden fest, dicht gelagert und keine Andeutung der für Mullböden bezeichnenden Krümelstruktur. Unter dem Torf befinden sich also die Bodentheile gleichmäßig nebeneinander gelagert, nicht wie beim Mull noch zu einzelnen Aggregaten vereinigt.

Die oberste Bodenschicht ist durch Humus mehr oder weniger dunkel gefärbt, in größerer Tiefe tritt diese Färbung mehr zurück und der Boden erscheint hellgrau, nicht selten schwach violett gefärbt. Auf Lehmböden ist diese Ausbildung weniger deutlich, auf Sandböden aber überall scharf hervortretend. Hier findet sich der namentlich aus den Heidegebieten bekannte aber auch im Walde weit verbreitete „Blei- oder Grausand“; dessen Name ja auch die schwach bleigraue Färbung andeutet. Es sind dicht gelagerte, sehr schwach humose Sande.

Von dem hell gefärbten Sande in scharfer Linie getrennt lagert der Untergrund des Bodens. In vielen Fällen ist derselbe ein gelber in Verwitterung begriffener Sand, der nach unten allmählich in den weißen Sand des Untergrundes übergeht; häufig finden sich aber auch schon die ersten Vorboten der Ortsteinbildung, in vielen Fällen ausgebildeter Ortstein! Der Ortstein ist ein Humussandstein,

d. h. ein durch humose Stoffe verkitteter Sand, und es kann keinem Zweifel unterliegen, daß die humosen Stoffe desselben aus den überliegenden Rohhumusmassen stammen.*)

Chemische Zusammensetzung des Bodens unter Rohhumus.

Untersucht man den Mineralstoffgehalt des Rohhumus, so kann der Gehalt desselben auch bei verschiedenster Entstehung ein sehr gleichmäßiger sein. So fand der Verfasser in folgenden Arten von Rohhumus:

Tausend Theile Trockensubstanz enthalten:

	Obfst. Biesenthal. Rohhumus unter der Moosdecke eines Kiefernbestandes (Mittel von 3 Analysen)	Lauenbrück in Hannover. Kiefernhumus	Oberfst. Glashütte. Buchenrohhumus	Oberfst. Hohenbrück. Gemischter Rohhumus (Kiefer, Buche u. Beerkräuter)	Oberfst. Apenrade. Heidehumus (Heidetorf) Plantage Beftoft
Kali	0.470	0.283	0.404	0.921	0.781
Natron	0.134	0.325	0.160	0.059	0.890
Kalk	1.619	2.130	1.306	3.090	2.393
Magnesia	0.415	1.280	2.600	1.302	0.984
Manganoxydulorxd	0.252	0.203	0.213	0.360	0.036
Eisenoxyd	2.086	3.280	1.150	3.565	4.879
Thonerde	4.827	10.700	7.410	6.402	10.094
Phosphorsäure	1.345	2.140	2.280	2.558	1.696
Reinasche	29.05	20.34	15.52	18.257	22.08

Aus dem Gehalt an Mineralstoffen lassen sich daher wesentliche Unterschiede in den verschiedenen Rohhumusmassen nicht erklären. Etwas mehr Anhalt geben die Untersuchungen von Emmerling und Loges**) über die wasserlöslichen Bestandtheile der verschiedenen Humusstoffe. Diese sowohl wie Tuxen (a. a. O.) fanden im Buchentorf einen außergewöhnlichen Reichthum an Humussäuren.

---

*) Ueber die Bildung der Ortsteine vergleiche man Emeis, Waldbauliche Forschungen; Müller, die natürlichen Humusformen und Ramann, Ortstein und ähnliche Secundärbildungen u. s. w. im Jahrb. d. preuß. geol. Landesanstalt. 1885.

**) Vereinsblatt des Heide-Kultur-Vereins für Schleswig-Holstein. 1886. S. 63 u. 82.

Außerordentlich scharf tritt dagegen die Vertheilung der löslichen Stoffe an den Bodenschichten unter den Rohhumuslagen hervor.

Der Charakter dieser Schichten ist zwar derselbe wie bei den Mullböden, aber schärfer ausgeprägt, mehr differencirt und durch die Abscheidung humoser Stoffe auf der Verwitterungszone des Bodens um ein den Mullböden fremdes Element bereichert.

Am besten läßt sich dies ebenfalls an einem Beispiele erläutern, welches einen Ortsteinboden der Oberförsterei Hohenbrück in Pommern betrifft. Es enthielt:

1. Bleisand 15—20 cm mächtig (mit 1.05 % organ. Stoffe):

	In Salzsäure löslich % des Bodens	Der Rückstand (in Salzsäure unlöslich) enthielt	Gesammtboden
Kali	0.0076	0.618	0.626
Natron	0.0111	0.167	0.178
Kalk	0.0110	0.060	0.071
Magnesia	0.0026	0.020	0.023
Manganoxydduloxyd	0.0032	0.060	0.063
Eisenoxyd	0.0964	0.450	0.546
Thonerde	0.0268	1.650	1.677
Phosphorsäure	0.0059	0.043	0.049
Gesammtgehalt, ausschließlich der Kieselsäure	**0.1646**	**2.068**	**2.233**

2. Ortstein (5—8 cm mächtig, mit 7.28 % organischen Stoffen) enthielt:

	In Salzsäure löslich	Unlöslich	Gesammtboden
Kali	0.0178	0.754	0.772
Natron	0.0033	0.360	0.363
Kalk	0.0194	0.170	0.189
Magnesia	0.0137	0.028	0.042
Manganoxydduloxyd	0.0044	0.047	0.051
Eisenoxyd	0.1936	0.690	0.484
Thonerde	1.5256	2.320	3.845
Phosphorsäure	0.2966	0.042	0.338
Mineralstoffe (ausschließlich Kieselsäure)	**2.0744**	**4.411**	**6.482**

3. Der unter dem Ortstein liegende gelbbraune Sand enthielt:

	In Salzsäure löslich	Unlöslich	Gesammtboden
Kali	0.0085	1.103	1.111
Natron	0.0213	0.528	0.549
Kalk	0.0254	0.225	0.250
Magnesia	0.0401	0.064	0.104
Manganoxyduloxyd	0.0068	0.026	0.033
Eisenoxyd	0.3448	0.760	1.105
Thonerde	0.4000	3.210	3.610
Phosphorsäure	0.0281	0.043	0.071
Mineralstoffe (ausschließlich Kieselsäure)	**0.895**	**5.938**	**6.833**

Noch viel schärfer als bei den Analysen des Mullbodens treten hier die Eigenthümlichkeiten der Bodenschichten hervor.

1. Der humose Sand, unter dem Torf als Bleisand ausgebildet, ist eine nahezu völlig verwitterte und durch Auswaschung an allen löslichen Theilen verarmte Bodenschicht.

2. Die dunkel gefärbte, vom überliegenden humosen Sande scharfgetrennte Bodenschicht (im angezogenen Beispiel durch Zufuhr löslicher Humusstoffe zu Ortstein verkittet), ist die eigentliche Verwitterungszone des Bodens; am reichsten von allen löslichen, von mittlerem Gehalt an unverwitterten Bestandtheilen.

3. Der unterliegende Boden ist von der Verwitterung noch wenig angegriffen und reich an unlöslichen Stoffen.

Fassen wir die Eigenschaften der Böden unter den beiden Humusformen nochmals übersichtlich zusammen, so ergeben sich folgende Unterschiede, die durch zahlreiche Analysen (Emmerling und Logos, namentlich auch Tuxen; der Verfasser selbst hat mehr als hundert hierher gehörige Bodenanalysen veröffentlicht) unzweifelhaft nachgewiesen sind:

Mullboden.

1. Humose Schicht.

Locker aufliegend, aus dem Abfall des letzten oder der letzten Jahre gebildet. Die Bestandtheile sind nicht zusammenhängend.

Boden unter Rohhumus (Torf).

1. Humose Schicht.

Dichte, oft mehr als 3 Decimeter mächtige feste Schicht von Humusstoffen, die einzelnen Bestandtheile erkennbar, oder die tieferen Schichten in feinkörnige, moorartige Bildungen umgewandelt.

2. Oberste Bodenschicht, locker und krümelig. (Krümelstruktur.)	2. Oberste Bodenschicht, dicht zusammengelagert, fest. (Einzelkornstruktur.)
Verschieden mächtig, oft weniger scharf vom Untergrund geschieden, durch Humus gefärbt. In seltenen Fällen nur in ganz geringer Mächtigkeit oder (auf Lehmböden u. dergl.) nicht deutlich von den tieferen Bodenschichten zu trennen. Chemisch betrachtet fast völlig verwitterte Bodenschicht.	Meist von erheblicher Mächtigkeit, scharf von den unterliegenden Bodenschichten getrennt. Stark bis schwach humos; dann nach unten in Bleisand übergehend. Chemisch: Völlig verwitterte und durch Auswaschung an löslichen Stoffen stark erschöpfte Bodenschicht.
3. Verwitterungszone des Bodens.	3. Verwitterungszone des Bodens.
Meist durch Eisenoxyd und dessen Hydrat dunkler, gelb- bis braun- oder rothgefärbt. Zumeist noch deutlich krümelig (in Sandböden) zweilen auch fester und dann die Grenze der Krümelstruktur. (So zuweilen auf Lehmböden).	Durch Eisenoxyd und dessen Hydrat dunkler gefärbt. Ist eine Abscheidung humoser Stoffe (Ortsteinbildung) nicht eingetreten, dann häufig schwach krümelig ausgebildet und weniger fest als der überliegende weiße Sand.
4. Unveränderter Mineralboden.	4. Unveränderter Mineralboden.

Zwischen diesen ausgeprägten Humus- und Bodenarten finden sich nun die zahlreichsten Zwischenformen. Wer mit den Verhältnissen vertraut im Walde danach sucht, wird häufig auf ganz kleinem Raume die verschiedenartigsten Bildungen verfolgen können. Es ist nun die Frage zu lösen, ob die Unterschiede im Boden in ursächlichem Zusammenhange mit den auflagernden Humusmassen stehen. Dies ist zu bejahen. Müller, dem wir die wichtigste Anregung für diese Verhältnisse verdanken, bringt ein außerordentlich umfangreiches Material über den Gegenstand bei, so daß ein Zweifel gar nicht mehr möglich ist. Vor allen Dingen ist beweisend, daß mit dem Auftreten der Torfbildung ein allmählich fortschreitendes Verschwinden der lockeren Krümelstruktur eintritt. Ueber die Ursachen derselben sind zwei Meinungen geäußert.

Darwin*), Hensen**) und Müller***) sehen in der Krümelstruktur des Bodens die Folge der Lebensthätigkeit, insbesondere der Ausscheidungen der Regenwürmer.

*) Darwin, Bildung der Ackererde durch die Thätigkeit der Würmer. 1882.

**) Hensen, die Fruchtbarkeit des Erdbodens in seiner Abhängigkeit von den Leistungen der in der Erdrinde lebenden Würmer. Landw. Jahrb. 1882 S. 661.

***) Müller, die natürlichen Humusformen. Berlin 1887.

Trotz zahlreicher zweifelnder Aeußerungen, die sich in der Literatur finden, ist dem Verfasser doch kein durch Untersuchungen gestützter Widerspruch bekannt geworden, und erst die Arbeiten des Verfassers über diluviale Sandböden*) gaben zu einer abweichenden Auffassung Anlaß. Verfasser sieht in der Krümelbildung einfach das Resultat in allen Bodenarten wirkender physikalischer und chemischer Kräfte. Er führt die Bildung der Krümel auf die Wirkung der im Boden vorhandenen löslichen Salze zurück. Für den Ackerboden waren durch Schlösing**) schon eingehende Untersuchungen über diesen Gegenstand veröffentlicht, ohne jedoch eine der Wichtigkeit dieser Forschungen entsprechende allgemeine Würdigung zu finden. Die vielfach abweichenden Verhältnisse des Waldbodens gestatten auch nur eine theilweise Uebertragung jener Resultate, deren Grundgedanke dabei natürlich nicht verändert wird.

Nach Müller haben wir daher im Mullboden eine Erdart zu sehen, in der durch die Thätigkeit der Thiere und ganz besonders durch die der Regenwürmer die organischen Abfallstoffe verzehrt werden und deren Ausscheidungen, verbunden mit der wühlenden und grabenden Lebensweise dieser Thiere die krümelige Bodenstruktur bedingen. Im Boden unter Rohhumus fehlen diese Thiere, es können sich daher die Streumassen ansammeln und zu so bedeutenden Anhäufungen heranwachsen, wie sie sich nur zu oft im Walde finden.

Um über diesen Gegenstand zu einem Urtheile zu gelangen, muß man die Zersetzung der Streubestandtheile im Walde verfolgen, bezw. sich durch geeignete Experimente ein Bild von den in der Natur vorgehenden Umbildungen zu verschaffen suchen.

Fragt man zunächst, welche Zeit für die Zersetzung der Streuabfälle im Walde nothwendig ist, so ergeben die seit vielen Jahren fortgesetzten Untersuchungen der Streuflächen guten Anhalt.

Ebermayer macht folgende Angaben:***)

In normalen und geschlossenen Buchenbeständen ist

a.	der jährliche	Streuertrag pro Hektar	4107 kg
b.	„ 3jährige	„ „ „	8160 „
c.	„ 6 „	„ „ „	8469 „

*) Untersuchungen über Waldböden. Forschungen der Agrikulturphysik. 1888.

**) Ann. de chem. et de phys. [5] 2 S. 514.

***) Die Lehre der Waldstreu. 1876. S. 52.

Nach drei Jahren findet sich also die doppelte Menge; als Regel kann man daraus ableiten, daß die Zersetzung des Buchenlaubes nach zwei Jahren beendet ist.

In normalen und geschlossenen Fichtenbeständen ist der Streuertrag:

a. der jährliche Streuertrag pro Hektar 3537 kg
b. „ 3jährige „ „ „ 8987 „

Die Zersetzung der Fichtenstreu erfolgt also ebenso rasch, als die des Buchenlaubes.

In gutwüchsigen, möglichst geschlossenen Kiefernbeständen:

a. der jährliche Streuabfall pro Hektar 3706 kg
b. „ 3jährige Streuertrag „ „ 7591 „

Da nach drei Jahren sich etwa das Zweieinhalbfache der jährlichen Streumenge findet, so würde man annehmen müssen, daß die Zersetzung der Kiefernreste in drei bis vier Jahren erfolgt.

Beobachtungen der bayrischen Revierverwalter ergaben, daß je nach den Oertlichkeiten (a. a. O. S. 208) die Laubstreu in der Regel zwei bis drei, an manchen Orten auch vier bis fünf Jahre zur Zersetzung braucht; die Nadelstreu meistentheils drei bis vier Jahre, unter gewissen Verhältnissen auch fünf bis acht Jahre.

Jedenfalls treten hier bedeutsame Unterschiede hervor.

Um wenigstens für einen gegebenen Fall einen Einblick in die Zersetzungsvorgänge zu gewinnen, brachte der Verfasser eine gewogene Menge völlig unberegneten Eichenlaubes (nach dem völligen Absterben der Blätter durch Abpflücken gesammelt) in einen Regenmesser.*) Die abfließenden Wassermengen wurden gesammelt und analysirt.

Der Versuch zeigte eine starke Auswaschung der Salze und eine sehr starke Abnahme der organischen Substanz nach ein und zwei Jahren, obgleich mit den Abflußwässern nur wenig (noch nicht 1%) in Lösung weggeführt war. Es mag gestattet sein, die Zahlen des Versuches anzuführen, zumal die aus dem Jahre 1888 bisher noch nicht zur Veröffentlichung gekommen sind.

*) Man vergl. Ramann, Einwirkung von Wasser auf Buchen- und Eichenstreu. Danckelmanns Zeitschr. f. Forst- u. Jagdwesen. 1888, S. 1.

In den Regenmesser wurden 500 g Eichenlaub gebracht; nach Jahresfrist (1887) wog die noch vorhandene Menge 225 g; nach zwei Jahren (1888) 135 g; der Gewichtsverlust betrug also:

im ersten Jahre 55 %,
im zweiten „ 18 %,
zusammen 73 %.

Die Zusammensetzung der Asche des Eichenlaubes war folgende: 1000 Thl. Trockensubstanz enthielten:

	Des ursprünglichen Eichenlaubes	Des Restes nach 2 Jahren	Von 1000 Thl. Trockensubstanz wurden im ersten Jahre ausgezogen (Analyse der Abflußwässer)
Kali	4.87	1.33	2.05
Natron	0.73	1.03	0.11
Kalkerde	23.03	32.41	0.44
Magnesia	5.44	1.80	0.35
Manganoxydulorxyd	3.17	2.62	0.11
Eisenoxyd	0.86	2.39	0.06
Phosphorsäure	21.89	2.00	0.63
Kieselsäure	15.07	54.76	0.17
Reinasche	75.01	112.10	3.92

Bedenkt man nun, daß die künstlich hervorgebrachten Verhältnisse für die Zersetzung viel ungünstiger waren, als sie im Walde sind, so lernt man das Gewicht eines solchen Versuches erst recht würdigen. Einmal war die Menge des zufließenden Wassers eine viel geringere wie die, mit welcher eine gleich große Masse von Eichenlaub in der Natur in Berührung kommt (etwa $^1/_6$; der Regenmesser hatte eine offene Fläche von 0.25 m², im Walde finden sich im großen Durchschnitt 3000 kg auf dem Hektar, also 1 kg auf rund 3 m²) und andererseits, daß während der heißen Jahreszeit, wo doch die Zersetzung am rascheſten vorangeht, ein Austrocknen der Streu in dem freistehenden Regenmesser gar nicht zu vermeiden war. Alle diese Verhältnisse können die Verwesung nur ungünstig beeinflussen.

Gleichzeitig war aber die Thätigkeit der Thiere, wenigstens der Regenwürmer und anderer größerer Thierarten, völlig ausgeschlossen.

Wir haben es also hier mit einem zwar mannigfaltig gestörten, aber reinen Verwesungsprozeß, also nach dem früher ausgeführten mit der Lebensthätigkeit von Bakterien zu thun, und diese reichte, trotz der ausgesprochen ungünstigen Umstände, dennoch hin, von der organischen Substanz 73 % in Kohlensäure und Wasser zu zerlegen.

Nach solchem Beispiel wird man wenig geneigt sein, dem Thierleben im Boden einen übergroßen Einfluß auf die Zersetzung der Streuabfälle im Walde beizumessen. Zweifellos wirken die Thiere durch ihre Nahrungsaufnahme mit, aber es müßte doch erst durch ausgedehnte Versuche nachgewiesen werden, daß der Verbrauch von Laub als Nahrung derselben eine solche Ausdehnung im Walde gewinnen kann, ehe die Thierwelt als maßgebend für die Zersetzung der Streu und für die Humusbildung anerkannt werden kann.

IV. Vorkommen der Mull- und Torfböden im Walde.

Die Verbreitung dieser Bodenformen ist an gewisse äußere Bedingungen geknüpft, aber sehr vielfach sind es auch Eingriffe des Menschen, welche die Humusbildung günstig oder ungünstig beeinflußt haben. Die Darstellung folgt auch hier wieder Müller, dessen Beschreibung der betreffenden Waldverhältnisse sich auf alle die dem Verfasser bekannt gewordenen Verhältnisse der nordischen Diluvialböden übertragen läßt und sich in ähnlicher Weise auch in den Gebirgsböden wiederfinden.

Alle besseren Bodenarten unter normalem Bestande haben Mullböden; die Torfbildungen sind in unseren Gebieten einmal auf freiliegende Kuppen und Hänge und andererseits auf völlig geschlossene Tieflagen beschränkt.

Fast völlig fehlen diese trockenen Torfablagerungen in den wärmeren Klimaten, treten aber um so reichlicher auf, je höher man in den Gebirgen emporsteigt oder nach dem Norden vordringt. So ist z. B. ein sehr großer Theil des nördlichen Schwedens und Finnlands mit Massen von Rohhumus bedeckt, wie sie auch vielfach in unseren Gebirgen in großer Ausdehnung vorkommen.

Alle Umstände, welche der Verwesung ungünstig sind, befördern die Bildung von Torf, der nach allen seinen Eigenschaften sich an die unter Wasser entstandenen sauren Humusablagerungen anschließt, also wohl mit Recht den durch Fäulniß entstandenen Bildungen anzureihen ist. Ganz abweichende Verhältnisse, wie z. B. große Trockenheit und zu reichliche Mengen von Feuchtigkeit können daher ähnliche Humusformen erzeugen, die sich oft nur wenig von einander unterscheiden. Für die Torfbildung im Walde kommt namentlich in Frage:

1. Temperatur. Zu den wichtigsten Bedingungen der Verwesung gehört eine gewisse Höhe der Temperatur. In allen sehr kühlen Gebieten finden sich ausgedehnte Torfablagerungen, sowohl als Rohhumus in den Wäldern, als auch in der Form von Torfmooren unter Wasser gebildet.

Besonders begünstigt wird diese Entstehung durch reichliche Niederschläge, wie dies an den Küsten statt hat und andererseits durch die mit der niederen Temperatur im Zusammenhang stehende geringe Verdunstung.

Alle Länder, die diese klimatischen Verhältnisse zeigen (Beispiele sind Irland und Norwegen) zeichnen sich durch reichliche Torfbildungen aus. Auch in vielen Hochgebirgen wiederholt sich die gleiche Einwirkung. Hier finden sich thatsächlich Ablagerungen, die in allen ihren Eigenschaften dem unter Wasser gebildeten Torf entsprechen. Die niedere Temperatur bewirkt eine langsame Zersetzung, die organischen Stoffe saugen sich voll Wasser und lassen so den Sauerstoff der Luft nicht in genügender Menge eintreten. Beide Faktoren wirken zusammen, um erhebliche Anhäufungen torfartiger Massen auf dem Boden zu bewirken. Ist dieser arm an Mineralstoffen, namentlich an Kalk, so kann sich allmählich durch Ansiedelung von Torfmoosen eine Form des Hochmoores bilden, welcher sich, unterstützt durch die hohe Wasserkapazität der Sphagneen und anderer in dichten Polstern vorkommender Moose immer weiter ausbreiten und größere Flächen allmählich versumpfen kann.

Hoher Gehalt an Feuchtigkeit, verbunden mit niederer Temperatur, findet sich endlich noch in den Senken und Schluchten. Hier kommt noch die reichlichere Anhäufung der organischen Reste hinzu, welche an solchen Stellen durch Wind und Wasser zusammengeführt werden und oft zur Ablagerung erheblicher Massen von Rohhumus Veranlassung geben.

2. Wassergehalt. Wie schon das Vorhergehende zeigt, ist selten nur einer der die Fäulniß beherrschenden Faktoren allein thätig, um

die Bildung von Rohhumus zu veranlassen. Am meisten ist dies noch der Fall, wenn die Verwesung durch einen zu geringen Wassergehalt, also durch Trockenheit, herabgesetzt oder wohl auch nahezu gehemmt wird.

Derartig gebildeter Rohhumus zeichnet sich meist durch hellere Färbung und faserige Struktur aus. Er findet sich unter verschiedenartigen Beständen auf hervorragenden Kuppen und an offenen Hängen, welche austrocknenden Winden und dem Sonnenbrande ausgesetzt sind. Ebenso gehört hierher der Rohhumus in Kiefernwaldungen.

Untersucht man derartige Bildungen, so fallen sie zumeist wenigstens während der heißeren Jahreszeit durch ihre Trockenheit auf. Besonders deutlich tritt dies unter Kieferbeständen hervor. Beseitigt man die Moosdecke, so findet man, oft selbst nach anhaltendem Regen, die Rohhumuslage trocken und als eine hellbraune, faserige Masse.

Die Einwirkung auf den unterliegenden Boden ist weniger tiefgreifend als bei den Torfbildungen des Buchenwaldes, aber auch in alten Kiefernbeständen habe ich (z. B. in der Schorfheide) ausgeprägte Ortsteinbildungen, und in der Umgegend von Eberswalde (Oberförsterei Biesenthal, Sch.-B. Schwärze) diese deutlich beginnend, gefunden.

Eine andere unangenehme Eigenthümlichkeit des Rohhumus unter Kiefern (derselbe besteht sowohl aus dem Abfall der Bäume als auch namentlich aus Moosresten) ist, daß er gewissermaßen den Beerkräutern und der Heide das Bett bereitet. Haben diese sich erst einmal angesiedelt, dann schreitet die Torfbildung rasch voran und oft können mächtige Schichten zur Ablagerung kommen.

3. Mineralstoffe. Je ärmer ein Boden ist, um so mehr neigt er zur Torfbildung. Nimmt man an, daß diese durch das Fehlen der Thiere bedingt wird, so ist diese Thatsache schwierig oder gar nicht zu erklären; dagegen ist der Einfluß, den ein reichlicher Mineralstoffgehalt auf die Lebensthätigkeit der Spaltpilze ausübt, bekannt.

Alle ärmeren Sandböden sind daher besonders der Torfbildung ausgesetzt. Die ausgedehntesten Rohhumusablagerungen finden sich ja auf den armen Sanden der Heidegebiete. Bei einer längeren Reise durch die Lüneburger Heide traf der Verfasser nur in einigen wenigen Fällen Ortsteinbildungen auf ganz schwach lehmigem Boden an, auf echtem Lehmboden hat er Ortstein erst durch die Güte des Herrn Oberforstmeister Müller kennen gelernt; Torfbildungen auf Lehmboden gehören in Mitteldeutschland schon zu den Seltenheiten. Auf Kalksteinbodenarten fehlen die Rohhumusmassen entweder völlig oder sind doch auf die trockensten Stellen beschränkt. Verfasser hat wenigstens nur ganz geringe Andeutungen derselben auffinden können, obwohl er, namentlich in Thüringen, oft danach gesucht hat.

Kulturmaßregeln können im Walde die Humusbildung mächtig beeinflussen. Müller giebt an, daß in vielen Fällen eine Abtheilungsgrenze, ein Weg und dergleichen auch die Grenze zwischen Mull- und Torfboden bildet. Namentlich sind es licht gestellte und der Austrocknung ausgesetzte Buchenwälder, welche mit Rohhumus bedeckten Boden zeigen, während unmittelbar daneben eine vorzügliche Entwickelung des Bestandes statt hat.

Die Einwirkung der beiden Bodenformen macht sich ja auch in bedeutsamster Weise auf Lebensvorgänge der Bäume geltend; deren Wurzeln in dem dichten mit Humussäuren durchzogenen und von ihnen ausgelaugten Boden absterben oder doch nur kümmerlich zu gedeihen vermögen.

Haben wir daher gesehen, daß alle Verhältnisse, welche der Verwesung ungünstig sind, die Ansammlung von Rohhumus fördern, so ist es auch eine bedeutsame Frage, ob denn in absehbarer Zeit eine weitere Zersetzung desselben zu erwarten ist. Die Antwort muß nach den wechselnden Verhältnissen sehr verschieden ausfallen. Auf solchen Lagen, wie sie namentlich die Kiefernbestände auszeichnen, wird bei einer eintretenden Verjüngung und den dann durch viele Jahre geschlossenen Bestand, durch das Absterben der Moose, die ja mit zu den Hauptbildnern des Rohhumus gehören, ein in längeren Zeiträumen wiederkehrender Wechsel geschaffen, der die Humusbildung günstig beeinflußt.

Die Schichten des Rohhumus sind meist nicht sehr mächtig; werden sie längere Zeit vor einer starken Austrocknung bewahrt, so kann die Zersetzung derselben sehr wohl eintreten, wie sich ja dies auch thatsächlich zeigt.

In gleicher Weise kann eine Zersetzung noch eintreten, wenn die Torfbildung in feuchten Lagen, Schluchten u. dergl. stattgefunden hat, und eine Auslichtung des Bestandes erfolgt. Die gesteigerte Durchlüftung bringt dann das Abtrocknen einer zu reichlichen Feuchtigkeit, das Eindringen der Sonnenstrahlen eine höhere Erwärmung hervor. Beide wirken auf die Verwesung günstig ein.

Man muß bei der Betrachtung dieser Verhältnisse immer berücksichtigen, daß zwei entgegengesetzte Ursachen, Trockenheit und Ueberfluß an Wasser dieselben Wirkungen hervorbringen können. Sind jedoch die Rohhumusschichten erst so mächtig geworden, daß sie sich voll Wasser saugen und bei der hohen Wasserkapazität derselben den größten Theil des Jahres naß bleiben, dann helfen solche Kulturmaßregeln überhaupt nicht mehr und nur das Eingreifen des Menschen vermag noch eine Aenderung herbeizuführen. Aeußerlich kennzeichnet sich ein solcher Zustand in nur einigermaßen lichten Beständen durch das massenhafte Auftreten der Beerkräuter und der Heide. Namentlich die Heidelbeere fördert die Torfbildung im Walde mächtig; oft kann man beobachten, daß die Wurzeln der Heidelbeere sich so gut wie ausschließlich im Rohhumus ausbreiten und diesen mit einem förmlichen Flechtwerk von Wurzeln durchzieht.

Derartige Torfschichten können sich Jahrhunderte im Walde erhalten, ohne eine merkbare Veränderung zu erleiden. Müller theilt ein ausgezeichnetes Beispiel hierfür mit. Von einer sehr hügeligen Heidefläche (Helsingörs Overdrev) wurden 1783 etwa hundert Hektar eingezogen und mit Fichten bepflanzt. Eine Untersuchung des Bodens ergab, daß 1880 eine 15—20 cm mächtige Torfschicht vorhanden war. Die unterste Lage derselben wurde von Buchenresten, die mittlere von solchen der Heide und die oberste Schicht von den der Fichten gebildet. Eine 80—100jährige Bedeckung mit Fichtenwald hatte also nicht vermocht den Bestand des Torfes zu zersetzen oder nur merkbar zu verändern.

V. Ursachen der Krümelung des Bodens.

Die bisherigen Betrachtungen haben ergeben, daß in der Natur zwei Hauptformen der humosen Ablagerungen zu finden sind, welche eine starke Veränderung des unterliegenden Bodens herbeiführen. Einmal die dünne, sich rasch zersetzende Decke, die sich auf lockerem, krümeligem Mullboden findet und andrerseits die mehr oder minder mächtigen

Schichten von Rohhumus (Torf) auf dicht zusammengelagerten, nicht gekrümelten Bodentheilen.

Wie schon S. 32 bemerkt, suchen Darwin, Müller und Hensen die Ursache der Krümelung auf die Thätigkeit der im Erdboden lebenden Thiere zurückzuführen. Allen gemeinsam ist der Hinweis auf die Aehnlichkeit der Ausscheidungen der Thiere, insbesondere der Regenwürmer, mit den im Boden vorkommenden Krümeln. In einzelnen Fällen hat Darwin nachgewiesen, daß die Ueberdeckung alter Bauwerke mit Erde sich nur auf die Thätigkeit der Regenwürmer zurückführen läßt und die Beobachtung, daß Steine, Stückchen von gebranntem Mergel u. s. w. nach einigen Jahren ein paar Zoll unterhalb der Oberfläche einer Wiese gefunden wurden, hat überhaupt Darwin die erste Veranlassung gegeben, Beobachtungen über die Thätigkeit der Regenwürmer auszuführen.

Müller in seinen ausführlichen Darstellungen sucht den Beweis für die Bedeutung der Regenwürmer dadurch zu führen, daß er zeigt, daß sie in Boden mit Krümelstruktur (Mull) in der Regel vorhanden sind, in mit Rohhumus bedecktem dagegen fehlen.

Es kann nun keinem Zweifel unterliegen, daß die Regenwürmer, wo sie sich in größerer Menge finden, durch Verzehren des abgefallenen Laubes und ihre grabende Thätigkeit im Boden an der Lockerung und an der Krümelung desselben Theil nehmen. Es ist sogar wahrscheinlich, daß unter bestimmten Umständen, namentlich auf Wiesen, durch die Regenwürmer eine beträchtliche Erdmenge aus der Tiefe an die Oberfläche geschafft wird.

Diesen Thatsachen gegenüber stehen jedoch viele Beobachtungen, welche gegen eine maßgebende Bedeutung der Regenwürmer für alle gekrümelten Bodenarten sprechen. Die wichtigsten derselben sind folgende:

1. Die Vertheilung der Bodenbestandtheile nach ihrer Größe. Fast überall finden wir, daß die wegschwemmende Thätigkeit des Wassers in der Natur überwiegt. Untersucht man einen der aus Diluvialmergel entstandenen Lehmböden, so ist immer die Oberfläche an feinerdigen Bestandtheilen arm, häufig ist sie sogar in einen nur noch schwach lehmigen Sand umgewandelt.

Die Schlämmanalyse eines solchen Bodens ergab, und es ließen sich sehr viele derartige Beispiele anführen, folgende Zahlen:

	Obere Bodenschicht humoser, schwach lehmiger Sand	Mittlere Bodenschicht lehmiger Sand	Untere Bodenschicht Lehm
Größer als 4 mm (Steine) . .	—	—	—
2—4 mm	4.1	2.3	0.7
1—2 mm	1.5	2.3	2.2
0.5—1 mm	3.2	4.1	4.5
0.25—0.5 mm	20.3	23.3	22.7
Kleiner als 0.25 mm	70.8	68.0	69.8
Thon (in % des Bodens) . . .	2.9	3.7	10.0

Die Tuxenschen Untersuchungen in ausgesprochenen Mullböden (von Müller selbst entnommen) geben ganz ähnliche Verhältnisse.*) Greift man irgend ein Beispiel heraus (Müller a. a. O. S. 111), so giebt es folgende Zahlen:

Boden aus Rungsted Hegn, Hirschholmer Staats-Forst-Distrikt (Seeland).

Vorzüglicher Mullboden unter 20—60jährigen Buchen.

	Obergrund		Untergrund	
	oben	unten	oben	unten
Steine	11.5	10.5	10.9	14.6
Kies (größer als 1 mm) . . .	2.23	1.32	1.95	1.80
Grober Sand (größer als 0.3 mm)	12.45	12.85	12.30	10.26
Feiner Sand	56.42	61.05	56.00	50.15
Thon	23.40	21.49	27.22	33.96

Auch hier tritt die Abnahme der feinsten Bestandtheile in den oberen Schichten des Bodens, bei einem nur geringen Wechsel im Gehalte an Steinen u. s. w., hervor. Eine Thätigkeit der Würmer im Darwinschen Sinne müßte im Gegensatz ein Ueberwiegen der feinerdigen Stoffe an der Oberfläche herbeiführen.

*) Unter Thon sind bei den erst mitgetheilten Analysen des Verfassers die nach längerer Zeit in Wasser nicht zur Absetzung kommenden Bestandtheile verstanden (Schlösings Methode der Schlämmanalyse); bei Tuxen ist alles, was nicht feiner Sand war, zum Thon gerechnet.

In diluvialen Böden, wo die Mischung der Bestandtheile in der Regel eine sehr gleichmäßige ist, kann man nur selten eine Abnahme der Steinmenge an der Oberfläche nachweisen. Verfasser kam zu dem Schluß, daß die Steine, soweit sie aus leichter verwitterbarem Material bestehen, an der Oberfläche zerfallen können, während sie in der Tiefe noch unverändert erhalten sind; handelt es sich dagegen um sehr widerstandsfähige, oft auch noch glatt polirte Bruchstücke, so ist die Oberfläche im Gegentheil reicher als die tieferen Bodenschichten. Eine Wirkung der Würmer ist hier nicht zu beobachten.

Ein andrer Grund, den Regenwürmern nur eine ganz geringe Bedeutung zuzumessen, ist die Art der Humusablagerungen. An der Zersetzung von Eichenstreu ist nachgewiesen worden, daß die Verwesung ausreicht, um in kurzer Zeit die Blattreste zu zersetzen. Daß auf Mullböden auch stärkere Aeste, Zapfen von Nadelhölzern u. dergl. verhältnißmäßig rasch zersetzt werden, kann man überall beobachten und es wird doch wohl Niemand einfallen, diese Baumtheile als Nahrung der Würmer zu betrachten. Das Fehlen der Regenwürmer auf mit Rohhumus bedecktem Boden erklärt sich dagegen sehr leicht durch die saure Reaktion jener Schichten. Essigsäure ist ein rasch tödtendes Gift für die Regenwürmer und wahrscheinlich sind es die anderen löslichen Säuren ebenfalls.

Chemisch-physikalische Bildung der Bodenkrümel.

Was die Krümelbildung im Boden betrifft, so war das Vorkommen und das Fehlen jeder brauchbaren Erklärung für die Entstehung derselben einer der hauptsächlichsten Gründe Hensens und Müllers für ihre Hypothese. Es ist aber durchaus möglich, diese Erscheinung auf die Wirkung der löslichen Salze im Waldboden zurückzuführen, wie diese Erklärungsweise ja auch für die landwirthschaftlich genutzten Böden kaum mehr einem Zweifel unterliegen kann.

Die hauptsächlich in Betracht kommenden Punkte hierfür sind folgende.

Werden Thontheile mit ganz reinem, salzfreien Wasser aufgeschlämmt, so bleiben dieselben dauernd im Wasser vertheilt; ohne dem Gesetz der Schwere zu folgen, findet man sie nach Jahren noch unverändert im Wasser schwebend.

Sowie einem solchen Thonwasser jedoch lösliche Salze zugesetzt werden, tritt innerhalb ganz kurzer Zeit, häufig genügen einige Minuten, eine eigenartige Erscheinung ein. Die ganze Thonmasse scheint zu gerinnen, die einzelnen Theile lagern sich zusammen, bilden Flocken und setzen sich dann am Boden des Gefäßes ab. Der Versuch zeigt also eine dauernd gleichmäßige Vertheilung des Thons in reinem Wasser, ein Zusammenballen desselben in salzhaltigem Wasser.

Alle Salze wirken in dieser Weise ein, wenn auch in sehr verschiedenem Grade. Am stärksten wirksam sind von den im Boden verbreiteten Salzen die Kalksalze, weniger wirken die der Magnesia, dann folgen die Kalisalze, die geringste Wirkung zeigen die des Natriums und des Ammoniaks. Jedes Salz hat ein gewisses Maaß der Verdünnung, innerhalb welchem es noch wirksam ist. Sehr geringe Mengen können daher noch vorhanden sein, ohne Flockung der Thontheilchen zu veranlassen.

Daß dieselben Wirkungen der löslichen Salze auch im Boden auftreten, haben namentlich die Untersuchungen von Schlösing gezeigt, und Hilgard giebt ein einfaches Experiment, um dies Verhalten zur Anschauung zu bringen.*) Knetet man Thon zusammen, so erhält man nach dem Trocknen einen harten Klumpen; setzt man demselben Thon 0,5—1% Aetzkalk zu, so kann man ihn nach dem Trocknen kaum aufheben, ohne ein Zerbröckeln desselben herbeizuführen.

Eine ähnliche Wirkung haben die Salze auf die Humuskörper, die zum Theil wohl rein mechanisch durch sie koagulirt werden; andrerseits wirkt der Humus wieder anziehend und Krümel bildend auf den Sand und Thon ein.

Im Ackerboden ist die „Gahre" eine Wirkung der löslichen Salze, welche durch geeignete Bearbeitung des Bodens noch gesteigert wird. Auf die Verhältnisse des Waldbodens hatte man bisher noch keine Anwendung von diesen Sätzen gemacht. Es läßt sich aber für alle Mullböden im hohen Grade wahrscheinlich machen, und im Verein mit den Veränderungen, welche der Boden unter Torf erleidet, sowie durch diejenigen, welche durch bedeutende Streuentnahme hervorgerufen werden, geradezu beweisen, daß die Krümelung des Waldbodens ebenfalls eine Wirkung der in ihm enthaltenen löslichen Salze ist.

---

*) Forschg. d. Agrikulturphysik Bd. 2. S. 441.

Haben wir die Voraussetzung für die Krümelstruktur des Bodens kennen gelernt, so ist die Frage doch noch immerhin zu beantworten, wodurch sich Krümelung im Boden bilden und häufig bis in erhebliche Tiefen erstrecken kann. Verfasser glaubt die Ursache in den in jedem Boden vor sich gehenden Volumänderungen und der Bewegung der Bodentheile unter dem Einfluß des einsickernden Wassers zu finden. Bekannt sind die bedeutenden Volumänderungen, welche namentlich thonhaltige und stark humose Bodenarten beim wechselnden Wassergehalt erleiden. Nach Wolff und Haberlandt nehmen beim Sättigen mit Wasser

die lehmigen Bodenarten um ein Viertel,

Thonboden um die Hälfte,

Humusboden oft um das Mehrfache

ihrer Volumen zu. Namentlich Moorböden zeigen dies Verhalten nach Versuchen des Verfassers in ganz außergewöhnlichem Grade. Nach den Zahlen, welche Ebermayer*) veröffentlicht hat, sind die Unterschiede im Wassergehalt während der Vegetationszeit auch bei Lehmböden sehr große, während die Untersuchungen des Verfassers für Sandböden ebenfalls den vergleichsweise sehr starken Wechsel in der Wasserführung gezeigt haben. Für Lehmböden und humusreiche Böden haben wir daher in den Volumänderungen, welche alljährlich wiederkehren, ein mächtiges Mittel, die kleinen Bodenbestandtheile in ihren Lagen zu verschieben. Noch mächtiger ist die Einwirkung des gefrierenden Wassers, welches sich beim Uebergang aus dem flüssigen in den festen Zustand um $^1/_{11}$ seines Volumens ausdehnt. In solchen Fällen wirkt noch ein zweites Moment mit. Die humosen quellbaren Stoffe werden beim Gefrieren aus dem Wasser ausgeschieden und in einem weniger löslichen, beziehentlich quellbaren Zustand übergeführt.

In Sandböden ist die Volumänderung beim Durchfeuchten viel geringer, dafür tritt sie aber auch sehr viel häufiger und in ganzen Schichten gleichmäßiger auf als beim Lehm- oder Humusboden.

Alle diese Ursachen wirken zusammen, um Aenderungen in der Lage der einzelnen Bodenbestandtheile zu vermitteln. Ueberall in der Natur machen sich Cohäsions- und Adhäsionskräfte bemerkbar. Gleich zusammengesetzte Stoffe lagern sich zusammen, verbinden die zwischen-

*) Allgem. Forst- und Jagdzeitung. 1889.

liegenden festen Bestandtheile zu Aggregaten und bewirken so eine Krümelbildung im Boden. Welche Bedeutung diesen Wirkungen zugeschrieben werden muß, dafür legen schon die in fast jedem Boden aufzufindenden Concretionen Zeugniß ab. Es ist ein Verdienst von Emeis, zuerst auf diese Erscheinungen aufmerksam gemacht und so zu einer richtigen Deutung beigetragen zu haben.*)

Analysen von in Umbildung begriffenen Böden.

Ist die Deutung der Krümelbildung als eine Wirkung der löslichen Salze richtig, so müssen sich auf Bodenarten, welche zum Theil Mullboden, zum Theil mit Rohhumus bedeckt sind, analytisch die Veränderungen im Gehalt an löslichen Salzen verfolgen lassen.

Die Untersuchung der Ortsteinböden hat die Verarmung der oberen Bodenschichten unzweifelhaft nachgewiesen. Die auswaschende und lösende Wirkung der Gewässer, welche Humussäuren führen, ist schon von Emeis und Müller (a. a. O.) in ihrer ganzen Bedeutung gewürdigt worden, wenn auch der Uebergang aus der Krümel- in die Einzelkornstruktur von dem letzteren Forscher eine andere Auslegung erfuhr. Aber alle diese Analysen zeigen immer nur einen gewissen Endzustand an; sie beziehen sich auf Bodenverhältnisse, die schon einen relativen Abschluß gefunden haben.

Um die Uebergänge nachzuweisen, waren besondere Untersuchungen nothwendig.

Eine besonders günstige Oertlichkeit bot ein Bestand in der Oberförsterei Eberswalde (Schutzbezirk Bornemannsphuhl Jag. 176). Auf einem ganz kleinen Gebiete fanden sich alle Uebergänge von gutem Mullboden bis zu solchem mit einer Rohhumusdecke von 7 cm Mächtigkeit. Besonders günstig war es, daß gleichzeitig eine Streu-Versuchsfläche daran stieß. Zur Untersuchung wurden drei Proben entnommen; alle in nächster Umgebung, so daß die einzelnen Einschläge nicht zwanzig Schritt von einander entfernt und auf völlig ebener Fläche lagen. Ueber den Gehalt der Streufläche wird später berichtet werden. Der Bestand setzte sich aus Kiefern mit unterbauten Buchen zusammen.

---

*) Waldbauliche Forschungen. Berlin 1876.

Um die Dichtigkeit der Lagerung zu bestimmen, wurde das „Porenvolumen" des Bodens bestimmt. Kennt man das Gewicht eines genau gemessenen Volumen Bodens, das specifische Gewicht der Bestandtheile derselben und den Wassergehalt, so läßt sich daraus leicht die Raumerfüllung der festen Theile berechnen. Die Menge derselben und ihr Verhältniß zum gesammten Volumen des Bodens ergiebt die mit Luft erfüllten Hohlräume: das Porenvolumen. Da nach zahlreichen Arbeiten Wollnys das Porenvolumen wesentlich mit der Krümelung der Bestandtheile steigt, wie dies ja auch ohne Weiteres zu erwarten ist, so erhält man durch diese Bestimmungen einen Maßstab für die Dichte der Lagerung der einzelnen Bodenschichten. Je höher das Porenvolumen, um so vollkommener die Krümelstruktur. Ist die oben gegebene Erklärung der Entstehung derselben richtig, so muß ein Boden um so reicher an löslichen Salzen sein, je höher sein Porenvolumen ist.

Die untersuchten Bodentheile zeigten nun folgende Bodenflora und Humusbedeckung. Alle Einschläge ergaben bis in große Tiefe denselben völlig gleichkörnigen Diluvialsand.*)

1. Mullboden; mit Astmoosen und einzelnen Gräsern bestanden. Der Boden war nur mit einer ganz dünnen Humuslage überdeckt; der Mineralboden völlig locker, bot dem Eindringen der Werkzeuge gar keine Schwierigkeit.

2. Boden mit beginnender Torfbildung. (Von No. 1 etwa 10 Schritte entfernt.) Die Bodenflora bestand aus wenig Heidelbeere, Aira flexuosa, Erdbeere und Moosen. Die Humusschicht war zwei Centimeter mächtig. Der darunter liegende Boden war etwas dichter zusammengelagert, aber noch nicht gerade fest.

3. Boden mit Torf bedeckt. (Etwa 15 Schritte von No. 2 entfernt.) Die Bodenflora bestand aus Heidelbeere und sparsam Aira flexuosa. Eine sieben Centimeter dicke Rohhumusschicht lagerte auf dem Mineralboden. Die Wurzeln der Heidelbeere hatten den Torf nach allen Richtungen durchsetzt und sich namentlich auf der Oberfläche des Mineralbodens massenhaft ausgebreitet; in diesen waren sie nur in verschwindender Menge eingedrungen.

---

*) Die einzelnen Daten der Untersuchung, Gehalt der Böden an verschiedenen Korngrößen u. s. w. kommen demnächst in den „Forschungen der Agrikulturphysik" zum Abdruck.

Der Mineralboden war scharf von der darauf liegenden Humusschicht getrennt, schon zum Theil ausgesprochener Bleisand, und an einigen Stellen zeigten sich in der Tiefe die ersten Spuren der beginnenden Ortsteinbildung.

Die oberste Schicht des Mineralbodens war dicht und fest gelagert, so daß sich Stücke derselben herausheben ließen. Die Umbildung des Bodens, die größere Dichtigkeit machte sich namentlich gegen den Mull außerordentlich bemerkbar.

Die Analyse wurde auf die Bestimmung der in Salzsäure löslichen Stoffe beschränkt. Folgende Werthe wurden gefunden:

Es enthielten:

	Mullboden	Boden mit 2 cm Rohhumus bedeckt	Boden mit 7 cm Rohhumus bedeckt
Kali	0.0107	0.0107	0.0092
Natron	0.0063	0.0071	0.0069
Kalk	0.0875	0.0508	0.0360
Magnesia	0.0440	0.0333	0.0130
Manganoxyduloxyd	0.0500	0.0250	0.0150
Eisenoxyd	0.4875	0.4287	0.3375
Thonerde	0.5625	0.4287	0.3487
Phosphorsäure	0.0489	0.0320	0.0296
Gesammtgehalt an löslichen Stoffen	**1.2974**	**1.0163**	**0.7959**
Porenvolumen des Bodens . . .	**55.4**	**53.1**	**46.2**

Die Zahlen sprechen für sich selbst. Die ursprüngliche Gleichartigkeit des Bodens kann gar nicht bezweifelt werden; die eingetretenen Veränderungen sind auf die auslaugende Wirkung der Gewässer zurückzuführen, die natürlich um so energischer wirken, je mehr sie sauer reagirende Humusstoffe enthalten.

Es liegt hier ein unbestreitbares Beispiel vor, in welcher Weise ein Boden durch die Bedeckung mit Rohhumus verändert werden kann. Die Abhängigkeit des Porenvolumens von dem Gehalt an löslichen Salzen tritt gleichzeitig hervor.

Die Würdigung dieser Verhältnisse wird später, bei Besprechung der Veränderungen, welche durch Streunutzung herbeigeführt werden, stattfinden. **Waldbaulich von höchster Bedeutung ist aber der Nachweis der Thatsache, daß durch die Einwirkung der Bodendecke von Rohhumus eine bedeutende Verschlechterung des Bodens eingetreten ist.**

VI. Die Bedeutung der Bodenanalyse für waldbauliche Untersuchungen.

Als durch Liebig zuerst die „Mineralstofftheorie" und damit der Nachweis, daß die Pflanzen zu ihrer normalen Entwickelung eine bestimmte Anzahl anorganischer Nährstoffe bedürfen, zum Siege geführt wurden, glaubte man in der chemischen Analyse ein untrügliches Mittel gefunden zu haben, den Werth eines Bodens festzustellen. Den ersten hochgehenden Hoffnungen folgte die Enttäuschung auf dem Fuße nach. Es ergab sich, daß durch eine einfache Analyse und auch durch die Trennung der Bodenbestandtheile in wasserlösliche, in salzsäurelösliche u. s. w. zwar ein Einblick in den Vorrath des Bodens an Mineralstoffen gewonnen wurde, daß aber dieselben keinen Maßstab für die Fruchtbarkeit des Ackerbodens abgaben. Man war fast so weit gekommen, der chemischen Bodenanalyse eine größere Bedeutung für die Bodenkunde abzusprechen. Erst in neuerer Zeit beginnt man derselben Gerechtigkeit widerfahren zu lassen und die Grenzen kennen zu lernen, innerhalb welcher die Analyse brauchbare Schlüsse gestattet.

Ein solches Beispiel sind die Moor- und Torfböden; hier beherrscht außer dem Wasserstand die chemische Zusammensetzung die Pflanzenproduktion in erster Reihe.

Die ungünstigen Erfolge der Mineralanalyse lagen aber zum großen Theil darin begründet, daß man die Bedingungen der landwirthschaftlichen Produktion damit feststellen wollte. Es liegt auf der Hand, daß für forstliche Fragen die Bodenanalyse eine ganz andere Bedeutung beanspruchen kann. Die Ursache liegt in der Dauer der Kulturen. Für landwirthschaftliche Zwecke ein, höchstens zweijährig, für forstliche 100- und mehrjährig ist die Dauer einer Kultur, bezw. die Zeit zwischen Aussaat und Ernte.

Aber selbst für Verhältnisse des Waldbaues ist die Bodenanalyse nur für bestimmte, vergleichbare Böden ein

Maßstab; wollte man Sandböden mit Lehmböden, einen Verwitterungsboden von Thonschiefer mit einem solchen von Granit oder Syenit vergleichen, so kommt man mit Sicherheit zu falschen Resultaten.

Ein ausgezeichnetes Beispiel der Wichtigkeit der chemischen Bodenanalyse für waldbauliche Zwecke sind die Sandböden im allgemeinen und die diluvialen Sande im besonderen. Hier sind oft viele Meter mächtige Sandschichten von fast gleicher Korngröße von der Natur in einer so vollkommenen und gleichmäßigen Mischung aufgeschüttet worden, wie es sonst nur in seltenen Fällen die Kunst des Menschen hervorbringen kann. Gerade diese Verhältnisse ermöglichen es, in den Gebieten des nordischen Diluviums Untersuchungen durchzuführen und Schlußfolgerungen zu ziehen, welche auf anderen Gebieten unausführbar sein oder doch den größten Schwierigkeiten begegnen würden.

Zahlreiche Analysen zeigen, daß für die diluvialen Sande in weitaus den meisten Fällen der waldbauliche Werth der Böden vom Mineralstoffgehalt abhängig ist.

Es ist dem Verfasser eine besondere Freude, die vorzüglichen Untersuchungen eines seiner Vorgänger im Amte, W. Schütze, wieder hervorheben und ausdrücklich aussprechen zu können, daß er den Standpunkt jenes Forschers voll theilt.

Die wichtigsten von Schütze gewonnenen Zahlen mögen hier folgen (siehe die Tabelle S. 51);*) die Arbeit ist in Kreisen, welche dem Forstfach etwas ferner stehen, lange nicht so bekannt, als sie es zu sein verdiente.

Die Abhängigkeit des waldbaulichen Werthes der Böden vom Mineralstoffgehalt tritt unverkennbar hervor. Der Verfasser kann noch hinzufügen, daß seine zahlreichen Analysen einen gleichen Schluß zulassen.

In neuerer Zeit beginnt die „Sandkultur“ der für wissenschaftliche Zwecke früher allein gebräuchlichen „Wasserkultur“ immer mehr den Rang abzugewinnen. Die Waldbestände auf diluvialen Sanden mit ihren langen Umtrieben bieten die Verhältnisse einer großartigen „Sandkultur“, welche die Natur selbst in höchster Vollkommenheit geschaffen hat.

---

*) Zeitschr. f. Forst- u. Jagdwesen Bd. I S. 500 u. Bd. III S. 367.

100 Theile Boden enthalten:

Nummer	Ertragsklasse	Tiefe der Bodenschichten	Probe aus Zoll-Tiefe	Phosphorsäure, Gesammtmenge	Löslich in kochender Salzsäure				Humus	Abschlämmbare Theile
					Kalk	Magnesia	Kali	Natron		
1a	I	12	4—8	0.0622	0.1602	0.0406	0.0339	0.0114	0.892	—
b		24	20—26	0.0407	0.1298	0.0336	0.0613	0.0118	—	8.53
c		24	58—64	0.0536	4.5092	0.0670	0.0360	0.0149	—	1.73
2a	II	17	12—18	0.0562	0.0842	0.0709	0.0284	0.0042	0.555	—
b		27	39—45	0.0409	0.1219	0.0719	0.0568	0.0072	—	5.52
c		16	72	0.0849	0.3130	0.0720	0.1109	0.0082	—	7.51
3a	II/III	10	4—8	0.0553	0.0535	0.0343	0.0176	0.0127	1.401	—
b		8	14—18	0.0656	0.0514	0.0414	0.0289	0.0047	—	2.45
c		8	24—28	0.0258	0.0468	0.0439	0.0331	0.0006	—	1.38
d		34	60	0.0442	0.1772	0.1429	0.1939	0.0127	—	36.62
4a	III	19	6	0.0638	0.1748	0.1075	0.0417	0.0015	1.825	—
b		26	31—37	0.0311	0.0589	0.0714	0.0402	0.0025	—	1.29
c		15	46—52	0.0206	0.0618	0.0604	0.0344	0.0053	—	0.67
5a	IV	12	1—8	0.0383	0.0276	0.0375	0.0216	0.0017	1.524	—
b		12	14—18	0.0419	0.0364	0.0543	0.0231	0.0004	—	1.01
c		24	36—40	0.0234	0.0206	0.0508	0.0261	0.0029	—	} 0.39
d		12	60	0.0217	0.0298	0.0592	0.0234	0.0000	—	
6a	V	8	3—8	0.0393	0.0289	0.0203	0.0142	0.0048	1.429	—
b		14	14—20	0.0252	0.0538	0.0495	0.0246	0.0020	—	1.46
c		38	46—52	0.0197	0.0456	0.0467	0.0216	0.0031	—	0.87

Durchschnittsgehalt.

1	I			0.0501	1.8876	0.0484	0.0457	0.0129		
2	II			0.0569	0.1622	0.0716	0.0632	0.0065		
3	II/III			0.0464	0.1224	0.0981	0.1235	0.0097		
4	III			0.0388	0.0963	0.0800	0.0392	0.0029		
5	IV			0.0299	0.0270	0.0505	0.0241	0.0016		
6	V			0.0236	0.0453	0.0438	0.0215	0.0031		

VII. Die Bedeutung des gebundenen Stickstoffes für den Waldboden.

Schon ziemlich frühzeitig regten sich Bedenken, der Ausfuhr an Mineralstoffen durch Streunutzung die unbestreitbare ungünstige Einwirkung auf die Bestände zuzuschreiben. Der verhältnißmäßig hohe Gehalt auch eines armen Bodens an jenen Bestandtheilen und die geringen in der Streu enthaltenen Mengen ließen sich nicht recht mit dem Rückgang der Bestände in Einklang bringen. Die auswaschende Wirkung des Wassers war noch nicht genügend erkannt und so schien eine Arbeit von J. von Schröder*) über den Stickstoffgehalt des Holzes und der Streumaterialien die Frage wesentlich zu entscheiden. Die Schärfe der Methode und die vorzügliche Durchführung lassen jene Abhandlung als eine Musterleistung erscheinen, wenn man auch nicht mehr in der Lage ist, ihre Folgerungen für richtig zu halten.

v. Schröder untersuchte den Stickstoffgehalt des Holzes, er zeigte, daß der von Chevandier im Holz gefundene hohe Gehalt an diesem wichtigen Stoffe auf der Ungenauigkeit der angewendeten Methode beruht und daß thatsächlich die Hölzer der Waldbäume einen überraschend gleichmäßigen und sehr geringen Gehalt an Stickstoff besitzen, der sich auf etwa 0.1—0.2 im Holz und 0.2—0.5 in den forstlichen Sortimenten (also einschließlich der Rinde) Scheitholz, Knüppelholz und Reisig findet.

Die Streu ist dagegen an Stickstoff wesentlich reicher, in solcher des Buchenwaldes findet sich 1.25—1.45, im Mittel 1.34% Stickstoff; in der Fichtenstreu im Mittel 1.06% und in solcher aus Kiefernwaldungen 0.8—1%.

Berechnet man den jährlichen Bedarf an Stickstoff, welchen der Wald zur Holzerzeugung braucht, so ergeben sich für das Hektar:

für Buchenwald	. .	7—11 kg,	im Mittel 8.7
" Birkenwald	. .	7—8 "	" " 7.2
" Fichtenwald	. .	12—14 "	" " 13.2
" Tannenwald	. .	11—15 "	" " 13.3.

Im Mittel für die verschiedenen Holzarten 10.2 kg Stickstoff.

*) Forstchemische und pflanzenphysiologische Untersuchungen. Dresden, 1878.

Dagegen enthielt die Streu folgende Mengen, ebenfalls für Jahr und Hektar berechnet.

Streu des Buchenwaldes	. .	44.3 kg,
" " Fichtenwaldes	. .	31.9 "
" " Kiefernwaldes	. .	28.9 "

Aus der Atmosphäre wird alljährlich eine gewisse Menge von gebundenem Stickstoff in Form von Salpetersäure und Ammoniak durch die Niederschläge dem Boden zugeführt. So sehr diese Mengen auch in den verschiedenen Jahren unter sich abweichen, so ergiebt sich doch der Gesammtgehalt der Regen- und Schneewässer im großen Durchschnitt für das Hektar zu etwa 11 kg.

Es scheint nun nichts berechtigter und richtiger, diese Zahlen mit dem Bedarf des Waldes in Verbindung zu bringen. Die durchschnittliche Zufuhr reichte aus, den zur Holzerzeugung nothwendigen Stickstoff zu liefern, die in der Streu enthaltene Menge blieb ungedeckt.

Die Streu erhielt hierdurch eine ungleich erhöhtere Bedeutung für den Wald, sie wurde zum *unentbehrlichen Stickstoffdünger desselben*.

Die erste Erschütterung dieser Anschauung ging wohl vom Verfasser aus. Es wurden bei den gleich zu besprechenden Untersuchungen von Sandböden in diesen kein merkbarer Unterschied im Gehalte an Stickstoff zwischen berechten und unberechten Böden gefunden. Auch eine ganze Zahl Kontrolbestimmungen ergaben dasselbe Resultat und ebenso die Untersuchung anderer Streuflächen.

Es enthielten:

Kiefernboden V. Kl., Mittel aus drei Einschlägen,	berecht	0.024 %	Stickstoff,
	unberecht	0.022 %	"
Kiefernboden III. Kl.,	berecht	0.031 %	"
	unberecht	0.024 %	"
Kiefernboden III. Kl.,	berecht	0.031 %	"
	unberecht	0.034 %	"
Kiefernboden II./III. Kl.,	berecht	0.038 %	"
	unberecht	0.036 %	"

Ein merkbarer Unterschied im berechten und unberechten Boden hatte sich nicht gezeigt. Der Verfasser kam damals zu dem Schluß, daß dem Boden noch eine andere Stickstoffquelle zur Verfügung stehen müsse, als die der atmosphärischen Niederschläge.

Inzwischen ist die Frage der direkten Stickstoffbindung durch den Boden im bejahenden Sinne entschieden worden. Die zahlreichen Arbeiten von Frank, Hellriegel, Schlösing, Berthelot u. A. lassen keinen Zweifel mehr an der Thatsache zu. Ob diese Bindung unter Mitwirkung von Pflanzen geschieht oder nicht, ist für unsere Zwecke gleichgiltig. Der Nachweis derselben in Verbindung mit den angeführten Bodenanalysen genügt, um auszusprechen:

Die Stickstoffausfuhr durch die Streuentnahme ist für die Ernährung der Waldbäume von keiner einschneidenden Bedeutung.

Noch mehr wird dies durch die Arbeiten von A. Baumann*) bestätigt, der durch eine große Zahl von Analysen zeigt, daß der Waldboden keine Salpetersäure enthält, oder besser, so geringe Mengen enthält, daß sie durch Analyse nicht mehr nachweisbar sind.

Ammoniak und organische Stickstoffverbindungen sind entweder schwer löslich oder werden stark vom Boden absorbirt. Der große Verlust, welchen Ackerfelder an Stickstoff durch den Gehalt an leicht auswaschbaren Stickstoffsäuren erleiden, fällt daher für den Waldboden in weitaus den meisten Fällen weg.

VIII. Die Veränderung der Sandböden bei dauernder Streuentnahme.

Vielfach ist der erhebliche Rückgang der Bestände auf armem Boden durch lang fortgesetzte Streunutzung hervorgehoben worden. Die Bedeutung der Nährstoffe für die Sandböden läßt erwarten, daß die chemische Analyse geeignet ist, einen Aufschluß über den Grad der stattfindenden Veränderungen zu gewähren.

Es liegen hierfür verschiedene Arbeiten vor, welche alle in den Hauptpunkten übereinstimmende Resultate gegeben haben.

Stöckhardt**) untersuchte zwei Bodenarten des Revieres Reudnitz.

---

*) Landwirthsch. Versuchs-Stationen. 1886. S. 247.

**) Landwirthsch. Versuchs-Stationen. Bd. VII, S. 235 (1865).

Die eine derselben war mit 50jährigen Kiefern bestanden, der nicht geschonte Boden zur Zeit der Untersuchung völlig von Wald frei.

Die Analyse ergab bedeutende Unterschiede im Gehalt an löslichen Mineralstoffen, und Stöckhardt hebt schon hervor, daß der Verlust des nicht geschonten Bodens nicht nur durch die Streuentnahme erklärt werden kann, sondern wesentlich durch Auswaschung mit bedingt worden sei.

Stöckhardt fand in einer 47 cm mächtigen Erdschicht folgenden Gehalt:

Es enthielt ein Hektar in Kilogramm:

	In Salzsäure lösliche Mineralstoffe						In Wasser lösliche Stoffe	Stickstoff
	Kali	Kalkerde	Magnesia	Kieselsäure	Phosphorsäure	Schwefelsäure		
Geschonter Boden								
Obergrund	813	451	163	451	682	439	1300	2110
Untergrund	4550	3578	975	811	4550	1709	3420	6002
Summa .	5363	4029	1138	1262	5232	2148	4720	8112
Nicht geschonter Boden								
Obergrund	553	521	65	780	569	260	585	1073
Untergrund	3250	2280	244	650	4230	1380	2280	3660
Summa .	3803	7801	309	1430	4799	1640	2865	4733
Mehrgehalt des geschonten Bodens								
Obergrund	260	— 70	98	— 329	113	179	715	1037
Untergrund	1300	1298	731	161	320	329	1140	2342
Summa .	1560	1228	829	— 168	433	508	1855	3379

Aehnliche Verhältnisse bieten die Untersuchungen R. Weber's*), der einen mit Eichen und Buchen bestandenen und einen mit Kiefern bestandenen Verwitterungsboden des bunten Sandsteins im Spessart untersuchte. Der letztere war durch Streunutzung sehr heruntergekommen. Sind diese Bodenarten auch nicht unmittelbar vergleichbar, da der Nachweis

*) Untersuchg. über die agronomische Statik des Waldbaues. Inaug.-Diss. München, 1877.

völliger ursprünglicher Uebereinstimmung schwer zu führen ist, so geben die Analysen doch dasselbe Bild der auch auf andern Böden aufgefundenen Veränderungen.

Der Boden enthält in einer Schicht bis 0,60 m für das Hektar folgende Mineralstoffmengen:

a. Buchen- und Eichenboden:

	In kalter Salzsäure löslich		In Salzsäure und Schwefelsäure löslich		Gehalt des ganzen Bodens
	oberste Bodenschicht	tiefere Bodenschicht	obere Bodenschicht	tiefere Bodenschicht	
Kali	228	3909	3984	18 877	22 861
Natron	156	2680	1090	13 182	14 272
Kalk	87	1023	728	4 633	5 361
Magnesia . . .	712	8314	1139	14 153	15 322
Phosphorsäure . .	531	3495	768	4 546	5 314
Schwefelsäure .	20	904	20	903	923

b. Kiefernboden:

Kali	175	1515	5445	22 208	27 653
Natron	141	1367	2524	24 943	27 467
Kalk	78	810	273	4 387	4 660
Magnesia . . .	137	1641	1728	2 307	4 035
Phosphorsäure . .	194	859	350	56	1 920
Schwefelsäure . .	56	1059	1570	1 058	1 114

Auch hier tritt der geringere Gehalt an Mineralstoffen, namentlich an Kalk in den geringeren Böden gut hervor.

Eine dritte Arbeit von Hanamann*) behandelt Verwitterungsböden des Quadersandsteines. Er untersuchte Ober- und Untergrund in einer Mächtigkeit von 20 cm des geschonten, und 18 cm des berechten Bodens. Die einzelnen Mineralstoffgehalte sind also nicht ganz vergleichbar. Bei der Wichtigkeit, welche es hat, die durch Streuentnahme bewirkte Bodenerschöpfung zahlenmäßig nachzuweisen, mögen auch hier die hauptsächlichsten Zahlen folgen.

*) Vereinsschrift d. böhmischen Forstvereins 1881. S. 48.

Es enthielt ein Hektar an in Salzsäure löslichen Bestandtheilen (in Kilogramm):

	Organische Stoffe	Stickstoff	Kali	Kalk	Bittererde	Phosphorsäure
Geschonter Boden						
Bodendecke (12 600 kg) . .	6 969	141	14	81	7	19
Obergrund (800 000 kg) .	52 640	2240	664	448	200	176
Untergrund (4 Millionen kg)	88 400	7600	2200	960	840	440
Summa .	148 009	9981	2878	1489	1047	635
Nicht geschonter Boden						
Bodendecke (3150 kg) . .	1 009	17	2	5	2	1
Obergrund (400 000 kg) .	15 560	760	240	96	96	64
Untergrund (4 Millionen kg)	79 200	6800	2160	880	800	440
Summa .	95 850	7577	2402	981	898	505
Mehrgehalt des geschonten Bodens						
in der Bodendecke	5 879	124	12	76	5	18
im Obergrund	37 080	1480	424	352	104	112
im Untergrund	9 200	800	40	80	40	—
Summa .	52 159	2404	476	508	149	130

Die ausgedehntesten Untersuchungen über diesen Gegenstand sind vom Verfasser ausgeführt.*)

Die Untersuchungen betrafen den Boden einer Streu-Versuchsfläche auf einem außerordentlich gleichkörnigen Diluvialsandboden. (Dem Thalsand, also den früher zum Altalluvium gerechneten Ablagerungen diluvialer Flußbetten angehörig).

Der Bestand wurde von sehr geringwüchsigen 40—50jährigen Kiefern gebildet (Kiefernboden V. Ertragsklasse). Die Fläche war seit sechszehn Jahren alljährlich berecht worden. Die Feststellung der Streuerträge ermöglichte es, die durch diese Nutzung entzogenen Mineralstoffe annähernd festzustellen.

Um jede willkürliche Annahme auszuschließen, wurden auf der

*) Danckelmanns Zeitschr. f. Forst- und Jagdwesen. 1883. S. 577 u. 633.

0.3 Hektar großen, jährlich berechten Unterfläche drei Einschläge bis zu $1^1/_2$ Meter Tiefe, in der Mitte und den beiden Enden der Fläche gemacht. In gleicher Weise wurden die Proben auf der unmittelbar benachbarten, unberechten Fläche genommen. Es wurde mit peinlicher Sorgfalt darauf gesehen, daß sich die entsprechenden Einschläge in völlig gleicher Höhenlage befanden.

Von jedem Einschlag wurden drei Bodenschichten auf ihre in Salzsäure löslichen, unlöslichen und auf ihren Gesammtgehalt (durch Flußsäure aufgeschlossen) an Mineralstoffen, natürlich ausschließlich der Kieselsäure, untersucht.

Welche Ausdehnung der Arbeit gegeben worden ist, mag darthun, daß allein gegen fünfzig vollständige Bodenanalysen und ca. vierzig Aschenanalysen zum Vergleich der verschiedenen Böden vorliegen. Wenn irgend bodenkundliche Untersuchungen Anspruch auf wissenschaftliche Wahrscheinlichkeit erheben können, so sind es diese.

Es ist natürlich nicht möglich, den ganzen Umfang jener Arbeiten hier wiederzugeben und ist in dieser Beziehung auf die angeführte Veröffentlichung hinzuweisen; hier kann es sich nur um die Mittheilung der wichtigsten Resultate handeln.

Die mittlere Zusammensetzung des Gesammtbodens war folgende:

	Unberechter Boden	Berechter Boden	Verlust des berechten Bodens in Prozenten der einzelnen Stoffe
Kali	1.014	0.728	28.1
Natron	0.450	0.370	17.8
Kalk	0.211	0.183	13.3
Magnesia	0.065	0.061	6.1
Eisenoxyd	0.590	0.228	71.4
Thonerde	3.261	2.947	9.6
Eisenoxyd und Thonerde	3.851	3.018	21.0
Manganoxyduloxyd	0.090	0.034	61.3
Phosphorsäure	0.104	0.049	52.9
Kieselsäure	92.710	94.545	—
Stickstoff	0.024	0.021	—
Kohlenstoff	0.128	0.105	—

Die Zahlen beziehen sich auf den mittleren Gehalt, berechnet aus je drei Einschlägen, und für Schichten von 1.5 m Mächtigkeit.

Auch der Gehalt der an Salzsäure löslichen Stoffe zeigt ähnliche Verhältnisse, nur ist der Verlust für die leicht auswaschbaren Stoffe (das Kalium muß man für die diluvialen Sande mit hierher rechnen) ein sehr viel größerer. Namentlich Kalk und Schwefelsäure haben einen enormen Verlust erlitten. Die folgenden Zahlen mögen dies zeigen:

Von einer Million Theile des Bodens sind löslich:

	Im unberechten Boden	Im berechten Boden	Verlust des berechten Bodens in % der einzelnen löslichen Stoffe
Kali	721	262	63.7
Natron	853	186	78.8
Kalk	379	245	35.4
Magnesia	441	346	21.6
Eisenoxyd	3 244	2 229	30.9
Thonerde	4 947	4 428	10.5
Eisenoxyd und Thonerde	8 191	6 657	18.7
Manganoxydauloxyd	248	179	27.8
Phosphorsäure	378	399	—
Schwefelsäure	80	22	72.5
Kieselsäure (in Alkalien löslich)	6 547	5 624	14.1
Gesammtmenge löslicher Stoffe	18 341 = 1.83 %	15 438 = 1.54 %	15.9

Berechnet man den Gehalt eines Hektars Boden bis zu 1.5 m Tiefe, so bekommt man an Stelle dieser relativen Zahlen den Verlust, welcher wirklich eingetreten ist, in festen Gewichten. Natürlich haben solche Rechnungen nur eine beschränkte Gültigkeit, sie sind aber nothwendig, um sich von den Veränderungen, die stattgefunden haben, Rechenschaft zu geben. Hiernach ist der Unterschied im Mineralstoffgehalt zwischen berechten wie unberechten Boden der folgende:

Es enthält ein Hektar an löslichen Mineralstoffen in Kilogramm:

	Unberechter Boden	Berechter Boden	Der berechte Boden enthält mehr oder weniger
Kali	1 622	589	— 1 033
Natron	1 919	418	— 1 501
Kalk	853	551	— 302
Magnesia	992	778	— 214
Eisenoxyd	7 299	5 017	— 2 282
Thonerde	11 131	9 967	— 1 164
Eisenoxyd und Thonerde . .	18 430	14 984	— 3 446
Manganoxydoxydul	558	402	— 156
Phosphorsäure	850	898	+ 48
Schwefelsäure	180	49	— 131
Kieselsäure	14 830	12 647	— 2 185
Gesammtgehalt	41 267	34 735	— 6 572

Betrachtet man diesen Zahlen gegenüber den Gewinn und Verlust des Bodens in seinem Gesammtgehalt, so hat man einmal Gelegenheit festzustellen, welche Mineralstoffe der Boden überhaupt verloren hat und andrerseits kennen zu lernen, in welcher Weise und in welchem Maße die einzelnen Stoffe in den löslichen Zustand übergeführt worden sind. Da dieser Vorgang mit dem der Verwitterung zusammenfällt, so ist zugleich ein Maßstab für deren Schnelligkeit gegeben. Es mag hier gleich vorausgeschickt werden, daß die Verwitterung auf berechtem Boden rascher voran gegangen ist. Wahrscheinlich ist die Steigerung dieses Vorganges auf die reichlichere Wasserführung der berechten Böden zurück zu führen.

Der Gehalt eines Hektars Boden an löslichen und unlöslichen Mineralstoffen beträgt in Kilogramm:

	Berechter Boden	Unberechter Boden	Der berechte Boden enthält weniger
Kali	23 040	16 380	— 6 660
Natron	10 125	8 325	— 1 800
Kalk	4 747	4 117	— 630
Magnesia	1 462	1 372	— 90
Eisenoxyd	13 275	5 130	— 8 145
Thonerde	73 372	66 307	— 7 065
Eisenoxyd und Thonerde . .	86 647	71 437	— 15 210
Manganoxyduloxyd	2 025	765	— 1 260
Phosphorsäure	2 340	1 102	— 1 238
Stickstoff	540	472	— 68

Für alle einzelnen Stoffe hat sich ein bedeutender Verlust ergeben; selbst die sonst so widerstandsfähige Thonerde hat wesentlich abgenommen. Einige Stoffe, wie die Phosphorsäure, haben im Gesammtgehalt verloren, während ein Theil der ursprünglich unlöslichen in den löslichen Zustand übergegangen ist.

Um nun ein Bild von den Vorgängen in den untersuchten Böden zu gewinnen, ist es nothwendig, die Ausfuhr durch die Streuentnahme mit dem Gesammtverlust des Bodens zu vergleichen. Während der 16 Jahre des Streurechens wurden auf der 0.3 Hektar großen Fläche 10 050 kg lufttrockne Streu gewonnen. Es entspricht dies einer Durchschnittsmenge von 1850 kg völlig trockner (wasserfreier) Streu für Jahr und Hektar.

Nach einer Anzahl von Analysen der auf jenen Flächen vorhandenen Streu enthält dieselbe:

	1 kg Streu enthält: in Gramm	Die Streu eines Hektar Fläche bei jährlicher Nutzung Gramm
Kali	0.715	1 320
Natron	0.202	373
Kalkerde	3.634	6 712
Magnesia	0.527	973
Eisenoxyd	2.532	4 676
Thonerde	1.469	2 715
Manganoxydduloxyd	0.817	1 509
Phosphorsäure	1.486	2 745
Schwefelsäure	0.128	236
Chlor	0.247	456
Kieselsäure	5.663	10 459
Reinasche	17.420	32 175
Stickstoff	9.400	17 362

Es ist nun außerordentlich leicht, den Gesammtverlust des Bodens an Mineralstoffen mit den durch Streunutzung ausgeführten zu vergleichen.

	Verlust eines Hektar an Mineralstoffen kg	Gehalt der geworbenen Streu kg	In der geworbenen Streu mehr oder weniger enthalten: kg
Kali	6 660	21	— **6 639**
Natron	1 800	6	— **1 794**
Kalk	690	107	— **523**
Magnesia	90	16	— **74**
Eisenoxyd	8 145	43	— **8 102**
Thonerde	7 065	75	— **6 990**
Manganoxydduloxyd	1 260	24	— **1 236**
Phosphorsäure	1 238	44	— **1 194**
Schwefelsäure	131	4	— **127**
Lösliche Kieselsäure	2 183	168	— **2 015**
Stickstoff	68	287	+ **219**

Der Gesammtverlust des Bodens ist demnach ein sehr vielmal größerer als der Menge an Mineralstoffen entspricht, welche durch die Streunutzung entführt worden ist; ja man kann den letzteren sogar als unerheblich gegenüber dem Gehalt des Bodens bezeichnen.

Für diese Erscheinung giebt es nur eine Erklärung: Die Mineralstoffe sind in dem berechten Boden ungleich stärker ausgewaschen worden. Der Rückgang des Bodens ist in erster Linie der auswaschenden Wirkung der atmosphärischen Gewässer zuzuschreiben. Die enorme Schädlichkeit der Streunutzung auf armen Böden ist daher in schärfster Form und durch eine ganze Reihe von Untersuchungen erwiesen.

Physikalische Aenderungen der Böden durch Streunutzung.*)

Haben die bisherigen Ausführungen auch dargethan, daß für die Sandböden der Gehalt an löslichen Mineralstoffen in erster Reihe den Werth des Bodens für Forstkultur bedingt, so ist zugleich gezeigt worden, in welch hohem Maße die physikalischen Eigenschaften und insbesondere die wichtigste derselben, die Krümelung, beeinflußt wird.

Die Untersuchung der Porenvolumen ist geradezu ein brauchbares Mittel, festzustellen, ob wir die Krümelung der Bodentheile auf die Gegenwart einer genügenden Menge von löslichen Salzen zurück zu führen haben oder nicht. Eine solch tiefgehende Auswaschung kann, wenn die gemachte Annahme richtig ist, nicht ohne starke Einwirkung auf das Gefüge des Bodens geblieben sein. Die oberste Bodenschicht muß sich dichter zusammengelagert haben, es muß eine „Verhärtung" eingetreten sein.

Die „Bodenverhärtung" als Folge dauernder Streuentnahme ist in der Literatur häufig erwähnt und mit Recht auf jene Ursache zurückgeführt worden. Oft genug wurde die physikalische Veränderung der Böden als das bei weitem Wichtigere der chemischen Zusammensetzung entgegengestellt; jetzt erfahren wir, daß beide sich gegenseitig bedingen.

Was nun die Verhältnisse der untersuchten Streuversuchsfläche betraf, so war die Verdichtung der oberen Bodenschicht überall unver-

*) Untersuchungen des Verfassers, deren Veröffentlichung demnächst in der Zeitschr. für Forst- u. Jagdwesen erfolgen wird.

kennbar, an einzelnen Stellen sogar so stark entwickelt, daß sich Stücke des Bodens herausbrechen ließen, ohne den Zusammenhang zu verlieren. Auf den geschonten Flächen fand sich dagegen ein deutlich krümeliger Boden.

Die Bestimmung des Porenvolumen geschah an zwei Stellen der Fläche, jedesmal wurde auf einer entsprechenden Lage der unberechten Fläche ebenfalls eine Bestimmung ausgeführt. Das folgende sind die erhaltenen Zahlen.

I. Am westlichen Ende der Streufläche:

Jährlich berechte Fläche	Porenvolumen	Humusgehalt
Obere Bodenschicht 0—11 cm tief	44.2 %	2.98 %
tiefere „ 20—31 „ „	45.1 %	1.09 %
Unberechte Bodenfläche		
Obere Bodenschicht 0—11 cm tief	56.7 %	6.77 %
tiefere „ 20—31 „ „	46.1 %	1.43 %

Etwas abweichende Verhältnisse, aber immer noch Unterschiede, welche eine hochgradige Verhärtung des Bodens beweisen, ergaben die Einschläge auf dem östlichen Ende der Streufläche. Hier wurden folgende Zahlen erhalten.

II. Am östlichen Ende der Streufläche:

Berechter Boden	Porenvolumen	Gehalt von Humus
Obere Bodenschicht 0—11 cm tief	47.1	2.83
tiefere „ 20—31 „ „	45.0	1.33
unberechter Boden		
Obere Bodenschicht 0—11 cm tief	51.0	2.61
tiefere „ 20—31 „ „	45.1	0.69.

Der Nachweis der Bodenverhärtung ist hiermit zahlenmäßig geführt. Im ersten Falle ist dieselbe nicht nur viel stärker aufgetreten, auch das Aussehen des Bodens entsprach dem, sondern die Wirkung hatte sich auch in eine größere Tiefe erstreckt.

Besonders bezeichnend ist im ersten Einschlag die Thatsache, daß das Porenvolumen der obersten Bodenschicht geringer ist, als das der tieferen; trotzdem der Humusgehalt ein wesentlich höherer ist. Eine derartige Erscheinung trifft man nur auf ungünstig veränderten Böden an. An einzelnen Stellen fanden sich bereits Spuren von Ortsteinbildungen.

Die eingetretene Veränderung in der Lagerung der Bodentheile giebt nun ein, wenigstens vollständig durchgeführten Analysen gegenüber, einfaches Mittel auch auf anderen Streuflächen die eingetretenen Veränderungen zu verfolgen. Ueberall, wo eine bemerkbare Bodenverarmung eingetreten ist, muß auch eine Abnahme des Porenvolumen damit verbunden sein. Andererseits erscheint die Annahme gerechtfertigt, daß ein gleiches Porenvolumen auf berechten und unberechten gleichartigen Flächen anzeigt, daß eine nennenswerthe Veränderung des Bodens nicht eingetreten ist.

Zum Vergleich wurde das Porenvolumen einer ganzen Anzahl von Streuflächen untersucht. Diese sind in den Preußischen Versuchsflächen in folgender Weise angelegt.

1. unberechte Fläche,
2. alle sechs Jahre berechte Fläche,
3. alle vier Jahre berechte Fläche,
4. alle zwei Jahre berechte Fläche,
5. jährlich berechte Fläche.

Zwischen jeder Unterfläche befindet sich ein 0.5 ha großer und 30 m breiter Isolirstreifen. Die Entfernung zwischen der unberechten Fläche und der jährlich berechten ist zu groß, um für die hier zu erörternde Frage sichere Zahlen zu liefern. Es wurden bei den folgenden Untersuchungen daher jedesmal Einschläge auf Unterfläche 1 und 2 und außerdem auf 5 und dem benachbarten unveränderten Bestande ausgeführt.

Die hauptsächlichsten Resultate sind in den folgenden Reihen zusammengestellt:

III. Oberförsterei Biesenthal. Sch.-B. Schwärze Jg. 153. Kiefernboden IV. Ertragsklasse.

Bodenflora: Astmoose, Cladonien, sehr sparsam Aira flexuosa.

	Porenvolumen	Humusgehalt
1. Jährlich berechte Fläche, oberste Bodenschicht (0 bis 11 cm tief)	**48.8**	2.20
2. Boden des unberechten Bestandes (0—11 cm tief)	**52.4**	3.03
3. Alle sechs Jahre berechte Fläche (0—11 cm tief)	**51.6**	2.55
4. Unberechte Fläche (Unterfläche I) (0—11 cm tief)	**48.6**	2.16

IV. Oberförsterei Eberswalde. Sch.-B. Bornemannspfuhl. Jag. 171. Kiefernboden einer besseren IV. Ertragsklasse; die der jährlich berechten Unterfläche entsprechenden Theile des Bestandes sind wesentlich günstiger und wohl schon der III. Ertragsklasse zuzuzählen.

Die oberste Bodenschicht aus 0—11 cm ergab:

	Porenvolumen	Humusgehalt
1. Jährlich berechte Fläche	**50.3**	3.23
2. Boden des unberechten Bestandes	**53.7**	4.61
3. Alle sechs Jahre berechte Fläche	**46.1**	3.20
4. Unberechte Fläche (Unterfläche I)	**46.7**	3.05

Sandböden der mittleren bis besseren Ertragsklassen.

V. Oberförsterei Eberswalde. Sch.-B. Bornemannspfuhl. Jag. 41. Kiefernboden der III. Ertragsklasse.

Die oberste Bodenschicht von 11 cm Mächtigkeit ergab:

	Porenvolumen	Humusgehalt
1. Jährlich berechte Fläche	**51.3**	2.34
2. Boden des unberechten Bestandes	**52.0**	2.54
3. Alle sechs Jahr berechte Fläche	**49.1**	1.92
4. Unberechte Fläche (Unterfläche I)	**47.9**	2.06

VI. Oberförsterei Biesenthal. Sch.-B. Schwärze. Jag. 154—155. Kiefern den besseren Beständen der III. Ertragsklasse angehörig.

Bodenflora: Viel Gräser (Aira flexuosa vorherrschend), Moos, Adlerfarrn; unter der Pflanzendecke eine Schicht von 4 bis 6 cm Rohhumus. Die Bodenprobe wurde unterhalb desselben entnommen.

	Porenvolumen	Humusgehalt
1. Jährlich berechte Fläche	**60.0**	5.10
2. Boden des unberechten Bestandes	**58.7**	3.56
3. Alle sechs Jahr berechte Fläche	**56.4**	3.81
4. Unberechte Fläche (Unterfläche I)	**52.4**	3.36.

VII. Oberförsterei Eberswalde. Sch.-B. Bornemannspful. Jag. 73. Kiefernboden der III.—IV. Ertragsklasse.

Bodenflora: Auf geschonten Flächen geschlossene Polster von Hypnumarten, Aira flexuosa und Heidelbeere, schwache Lage von Rohhumus. Auf der berechten Fläche viel Dicranum scoparium. Die sechsjährig berechte und unberechte Unterfläche zeigt reichlichen Wuchs von Heidelbeere, Adlerfarrn und Aira flexuosa; sie ist mit einer 3—5 cm mächtigen Lage von Rohhumus bedeckt.

	Porenvolumen	Humusgehalt
1. Jährlich berechte Fläche	**55.6**	5.28
2. Boden des unberechten Bestandes	**55.0**	4.15
3. Alle sechs Jahr berechte Fläche	**49.7**	3.52
4. Unberechte Fläche (Unterfläche I)	**49.7**	2.66

VIII. Oberförsterei Eberswalde. Sch.-B. Bornemannspful. Jag. 41. Kiefernboden der I. Ertragsklasse.

Bodenflora: Viel Gräser und Moos, sparsamer Heidelbeere, Adlerfarrn, Thymus serpyllum und Melampyrum pratense. Boden mit einer sehr schwachen Lage von Rohhumus, darunter guter Mullboden.

	Porenvolumen	Humusgehalt
1. Jährlich berechte Fläche	**51 3**	2.34
2. Boden des unberechten Bestandes	**52.0**	2.54
3. Alle 6 Jahr berechte Fläche	**49.1**	1.92
4. Unberechte Fläche (Unterfläche I)	**47.9**	2.06

Die Zusammenstellung ergiebt, daß auf den geringen und geringsten Kiefernböden durch eine lang fortgesetzte Streunutzung (für die untersuchten Fälle seit zwanzig Jahren) zweifellos eine Bodenverhärtung eingetreten ist. Es ist aber gleichfalls unverkennbar, daß auf besseren Böden ein nennenswerther Rückgang des Porenvolumen nicht vorliegt.*)

Dagegen ist dasselbe in einzelnen Fällen auf den jährlich genutzten und fast überall auf den alle sechs Jahr genutzten Flächen gestiegen. Es findet dies statt, wenn durch die Streuentnahme eine Zerstörung der Rohhumusschichten eingetreten ist.

Das Beispiel No. VII. zeigt völlig gleiche Zahlen, aber auf dieser Fläche war auch ein Unterschied, sowohl in Bezug auf Rohhumus, wie auf Bodenflora zwischen der unberechten und alle sechs Jahre berechten Fläche überhaupt nicht zu erkennen.

Natürlich ist es bei solchen Untersuchungen unbedingt nothwendig, nur wirklich vergleichbare Stellen zu berücksichtigen. Man muß sich überzeugen, daß Höhenlage, Bodenbeschaffenheit u. s. w. völlig gleich ist.

Zugleich beweisen aber diese Untersuchungen, daß die Krümelung auf Böden des verschiedensten forstlichen Werthes gleich hoch sein kann; offenbar weil ein gewisser Mindestgehalt von löslichen Stoffen ausreicht, sie zu erhalten. Es ist aber leicht verständlich, daß sie auf armen Böden, wo dieses Minimum durch Auswaschung leicht überschritten werden kann, sehr viel rascher zu verschwinden vermag als auf Bodenarten, die größere Mengen löslicher Salze enthalten.

Die übrigen physikalischen Eigenschaften des berechten und unberechten Bodens sind von geringerer Bedeutung; wichtig ist nur noch die Wasserführung während der Vegetationszeit. Der Verfasser hat Wasserbestimmungen in genügender Zahl ausgeführt, um hierin Einblick zu erhalten. Es steht zu hoffen, daß in kurzer Zeit auch von anderer Seite derartige Bestimmungen veröffentlicht werden.

---

*) Die Streuwerbung geschieht auf den preußischen Versuchsflächen mit hölzernen Rechen und relativer Schonung der Bodendecke. Alle jährlich berechten Flächen zeigen daher auch einen geschlossenen Filz von Gräsern, Beerkräutern oder auf den ärmeren Bodenarten von Dicranum scoparium. Eine Veränderung des Bodengefüges durch die mechanische Gewalt des fallenden Regens ist daher (vielleicht mit Ausnahme der Fläche in Jag. 214) nahezu ausgeschlossen; jedenfalls ist diese Wirkung für die gegebenen Verhältnisse ohne Bedeutung.

Der Wassergehalt des berechten und geschonten Bodens.

Sehr lange Zeit hat man die ungünstigen Wirkungen der Streuentnahme auf den verschiedenen Wassergehalt des Bodens zurückzuführen gesucht. Der Augenschein lehrte, daß die Oberfläche der berechten Böden häufig trockener war als die der geschonten Flächen. Man hat hieraus ohne Weiteres geschlossen, daß dieselben Verhältnisse für die ganze Bodenschicht gelten müssen. Längere Zeit durchgeführte Wasserbestimmungen sind erst vom Verfasser gemacht worden.

In losen Sandböden stellen sich nun der Probeentnahme nicht unerhebliche Schwierigkeiten entgegen. Namentlich während der trockenen Jahreszeit ist es oft sehr schwer, wenn nicht unmöglich, mit einem einfachen Bohrapparat die Bodentheile aus einer bestimmten Tiefe zu entnehmen.

Der Verfasser umging diese Schwierigkeit, indem er einen Stockbohrer innerhalb eines eisernen Rohres in den Boden allmählich eintrieb, nicht unähnlich wie man dies bei Brunnenbohrungen im Großen ausführt, um das Nachstürzen des Erdreiches zu verhüten.

Da die Bodenproben alle vom Verfasser selbst entnommen sind, dabei in Bezug auf gleiche Höhenlage der Controlflächen mit großer Sorgfalt geachtet wurde, so darf versichert werden, daß die Angaben den wirklichen Verhältnissen entsprochen haben.

Die einzelnen Zahlen sind in der Spezialarbeit S. 662 und 663 niedergelegt; es genügt, hier die Mittelzahlen zu geben.

Die Beobachtungen wurden jedesmal an der Oberfläche, in 25 bis 30 cm Tiefe und desgleichen in 50—55 cm und 75—80 cm Tiefe ausgeführt.

In der Tabelle auf S. 70 sind die Durchschnittszahlen wiedergegeben.

Es zeigt sich, daß der Wassergehalt in den berechten Böden durchweg, mit Ausnahme der Oberfläche, größer war als in den geschonten Waldböden.

Die Ursache liegt einmal in dem leichteren Eindringen des Wassers in den berechten Boden und andererseits in der verminderten Verdunstung.

Die Moosdecke, welche den geschonten Waldboden bedeckt, hat eine sehr hohe Wasserkapazität. Geringe Niederschläge, Nebel, Thau,

Es enthielt der Boden Gewichtsprozente Wasser:

Monat	Zahl der Beobachtungen		An der Oberfläche	In 25 bis 30 cm Tiefe	In 50 bis 55 cm Tiefe	In 75 bis 80 cm Tiefe
Mai	11	berecht	9.36	3.26	3.04	2.97
	11	unberecht	12.23	4.03	3.09	2.79
Juni	11	berecht	7.25	3.83	3.06	3.07
	11	unberecht	9.08	3.56	2.52	2.97
Juli	11	berecht	6.55	3.78	3.57	3.86
	11	unberecht	8.59	4.05	3.14	3.02
August	8	berecht	8.66	4.29	4.04	4.04
	8	unberecht	7.23	3.81	3.49	3.27
September	1	berecht	6.85	3.53	4.36	2.34
	1	unberecht	4.65	4.34	3.33	2.57
Mai und Juni	22	berecht	8.31	3.55	3.05	3.02
	22	unberecht	10.66	3.79	2.81	2.88
Juli und Augnst	19	berecht	7.61	4.03	3.81	3.95
	19	unberecht	7.91	3.93	3.23	3.15
Mai bis September	42	berecht	**8.66**	**4.29**	**4.04**	**4.04**
	42	unberecht	**9.32**	**3.87**	**3.49**	**3.27**

werden vom Moose festgehalten und dringen überhaupt nicht in den Mineralboden ein.

Im Frühjahre war die betreffende Fläche noch fast völlig nackt; je weiter die Jahreszeit fortschritt, um so reichlicher bedeckte der Abfall der Bäume den Boden in dünner Lage: genügend, um die Verdunstung herabzusetzen, zu gering, um nennenswerthe Wassermengen in sich aufzunehmen.

Die Untersuchungen Wollny's über Verdunstung der Böden bei verschiedenartiger Bedeckung haben nun ergeben, daß ein mit lebenden Pflanzen bestandener Boden das meiste Wasser verliert, daß hierauf der nackte Boden folgt und die geringste Verdunstung in Bodenarten stattfindet, welche mit einer Decke von leblosem Stoffe bedeckt sind.

In Bezug auf Waldstreu folgen sich Moos mit der höchsten, Nadelstreu mit mittlerem und Laubstreu mit der geringsten Verdunstung. Alles dies wirkt zusammen, um den Wassergehalt des berechten Bodens günstig zu beeinflussen.

Ungünstig kann sich das Verhältniß wohl nur auf sehr flachgründigen Bodenarten stellen; es sind dies Orte, wo man überhaupt keine Streu entnehmen soll.

Uebersicht der durch Streunutzung hervorgerufenen Aenderungen in armen Sandböden.

A. In Bezug auf die chemische Zusammensetzung.

1. Alle Sandböden erleiden durch fortgesetzte Streunutzung einen bedeutenden Verlust an Mineralstoffen. Hiervon werden mit Ausnahme der Kieselsäure alle im Boden enthaltenen Stoffe getroffen; die leicht auswaschbaren, namentlich Kalk und Schwefelsäure, im höheren, die übrigen im geringeren Maße.
2. Die Verwitterung wird auf Böden, denen man die Streu nimmt, eher gesteigert als vermindert.

   Es ist dies auf das erleichterte Eindringen des Wassers, den höheren Wassergehalt und die durch stärkere Erwärmung (während des Tages) und Abkühlung (des Nachts) bewirkte bessere Durchlüftung zurückzuführen.
3. Nennenswerthe Unterschiede im Gehalt an Stickstoff haben sich zwischen berechten und unberechten Böden nicht ergeben. Die Ausfuhr an Stickstoff durch Streunutzung kann nach dem heutigen Stande der Wissenschaft nicht als von besonderer Bedeutung angesehen werden.
4. Der Gesammtverlust an Mineralstoffen in einem dauernd berechten Boden ist ein sehr viel höherer, als der Ausfuhr durch die Streunutzung entspricht.
5. Der Hauptverlust der berechten Böden wird durch die verstärkte Auswaschung herbeigeführt.

B. in Bezug auf physikalische Verhältnisse.

1. Auf armen Böden, auf denen dauernd Streu genutzt ist, läßt sich eine Bodenverhärtung und dem entsprechend eine Verminderung des Porenvolumen zahlenmäßig nachweisen.
2. Die Bodenverhärtung wird durch die Auslaugung der löslichen Mineralstoffe herbeigeführt.

3. Eine Bodenverhärtung auf den reicheren Bodenarten ließ sich nach einer zwanzigjährigen Streunutzung nicht nachweisen.
4. Bei einer Bedeckung des geschonten Bodens mit Rohhumus veranlaßt eine mäßige Streunutzung in der Regel eine Lockerung des Bodens und ein gesteigertes Porenvolumen.
5. Der berechte Boden ist in der Regel während der Vegetationsperiode reicher an Wasser, als der mit Moos bedeckte.

Vergleich der Einwirkung einer Rohhumusbedeckung und einer längeren Streunutzung auf dem Boden.

Bei der großen Bedeutung, welche die Umbildungen im Boden beanspruchen können, die durch Torfbildungen im Walde eintreten, war es von Interesse, einen Vergleich zwischen den durch Streunutzung hervorgebrachten Veränderungen im Boden und denen durch Rohhumusbedeckung anzustellen.

Veranlassung hierzu gaben die im engsten Kreise ausgeprägten Bildungen, welche schon Seite 48 besprochen sind.

Da gleichzeitig eine jährlich berechte Unterfläche einer Streuversuchsfläche unmittelbar an die zur Untersuchung benutzten Bodenflächen stieß, war es möglich, durch Analyse einen direkten Vergleich durchzuführen. Die Gleichartigkeit des Bodens in Bezug auf Korngrößen u. s. w. ist natürlich ebenfalls durch entsprechende Bestimmungen festgestellt worden.

Es mag gestattet sein, die analytischen Zahlen hier nochmals wiederzugeben (siehe Tabelle S. 73). Der Vergleich ist waldbaulich wie bodenkundlich von besonderem Interesse.

Bedeckung mit Rohhumus, wie auch die Streuentnahme haben eine wesentliche Verschlechterung des Bodens herbeigeführt. Die Art derselben ist aber eine sehr charakteristische.

Eine schwache Rohhumusdecke hat namentlich eine Abnahme von Kalk und Magnesia hervorgebracht, außerdem zeigt sich aber schon eine deutliche, wenn auch noch nicht erhebliche Abnahme im Gehalt von Eisenoxyd und Thonerde. Eine stärkere Torfschicht hat nicht nur eine

Es enthielten an in Salzsäure löslichen Stoffen in Prozenten:

	1. Mullboden mit Gräsern und Astmoosen	2. Boden mit 2 cm Rohhumus bedeckt	3. Boden mit 7 cm Rohhumus bedeckt	4. Boden der Streufläche seit 22 Jahren jährlich berecht
Kali	0.0107	0.0107	0.0092	0.0082
Natron	0.0063	0.0071	0.0069	0.0066
Kalk	0.0875	0.0508	0.0360	0.0325
Magnesia . . .	0.0440	0.0333	0.0130	0.0220
Manganoxyduloxyd	0.0500	0.0250	0.0150	0.0400
Eisenoxyd . . .	0.4875	0.4287	0.3375	0.4813
Thonerde . . .	0.5625	0.4287	0.3487	0.4562
Phosphorsäure . .	0.0489	0.0320	0.0296	0.0304
Porenvolumen . .	**55.4**	**53.1**	**46.2**	**49.0**

sehr starke Verdichtung des Bodens, sondern auch einen entsprechend großen Verlust an allen löslichen Mineralstoffen herbeigeführt.*) Bezeichnend ist aber zugleich die Abnahme des Gehaltes an Thonerde und Eisenoxyd; von dem letzteren finden sich über zwanzig Prozent weniger. Es ist zur Zeit unmöglich, anzugeben, in welcher Weise die Wanderung der Thonerde geschieht; die zahlreichen Analysen der Ortsteinböden haben aber eine solche außer Zweifel gestellt. Das Eisenoxyd wird reduzirt und so löslich gemacht. Für die mit Torf bedeckten Böden ist außer der durch Humussäuren bewirkten Auswaschung aller löslichen Stoffe die Abnahme an Eisenoxyd bezeichnend. Die Böden leiden offenbar wesentlich durch die mangelnde Sauerstoffzufuhr, welche ja auch die Bildung saurer, reagirender Humusstoffe veranlaßt.

Die Abnahme an löslichen Mineralstoffen in den streuberechten Flächen ist sehr groß, aber vorwiegend auf die leichter löslichen, auf Kalk, Magnesia und entsprechend den Verhältnissen der diluvialen Sande, auf Kali beschränkt. Das Gehalt an Eisenoxyd ist unverändert geblieben. Reduzirende Wirkungen haben sich also nicht in den besser durchlüfteten Böden der Streufläche geltend machen können.

---

*) Ebenfalls ein Beweis, daß die Ursache der Bodenverhärtung nicht durch die mechanische Gewalt des Regens herbeigeführt wird, sondern auf anderen physikalischen Ursachen beruht.

Waldbaulich aber von einschneidendster Wichtigkeit ist die Thatsache, daß eine mehr als zwanzigjährige Streunutzung den Boden nicht so sehr geschädigt hat, wie eine Bedeckung mit etwa 7 cm Rohhumus.

Man kann hiergegen nicht einwenden, daß aus einer solchen Thatsache sich ein so weitgehender allgemeiner Schluß nicht ziehen lasse. Der Rückgang des mit Torf bedeckten Bodens ist durch hunderte von Analysen nachgewiesen. Es liegt hier nur ein glückliches Beispiel vor, um einen wirklichen Vergleich zu ermöglichen.

Der Waldbau muß mit dem Prinzip des unbedingten Schutzes der Bodendecke brechen. Die Beseitigung aller größeren Anhäufungen von Rohhumus wird häufig enormen Schwierigkeiten begegnen, es ist daher nothwendig, peinlich die ersten Spuren der Bilduug zu verfolgen und dagegen einzuschreiten. Als Hülfsmittel müssen gelten Bodenbearbeitung, Eintrieb von Schweinen und endlich eine maßvoll geübte Streunutzung in Verbindung mit entsprechenden Kulturmaßregeln.*)

Auf solche Fälle, wie den hier vorliegenden, war die so hart angegriffene und verurtheilte Aeußerung des Verfassers berechnet, daß unter Umständen die Streuentnahme weniger schlimm für den Wald sei, als die unbedingte Schonung der Bodendecke.**)

Die Einwirkung der Streuentnahme auf den Waldbestand.

Ist der in Bezug auf die Aschenbestandtheile oben aufgestellte Satz richtig, daß für die Sandböden der Mineralstoffgehalt in den meisten Fällen ausschlaggebend für den waldbaulichen Werth der Böden ist, so darf man erwarten, daß sich Unterschiede im Aschengehalt der auf ihnen gewachsenen Bäume geltend machen oder doch wenigstens eine wesentliche Aenderung in der Zusammensetzung der Asche hervortritt. Die ausgedehnten Arbeiten von Dr. Hans Will***) haben wahrscheinlich gemacht, daß für die Kiefer ein bestimmtes Verhältniß zwischen Mineralstoffgehalt und Trockensubstanz besteht. Jene Arbeiten haben

---

*) Eingehend werden die betr. Verhältnisse in der Zeitschrift für Forst- und Jagdwesen dargelegt werden.

**) Man vergleiche die Verhandlungen der deutschen Forstversammlung in München 1888.

***) Zeitschrift für Forst- und Jagdwesen. 1883.

aber auch gezeigt, daß eine auf armem Boden erwachsene Kiefer relativ mehr an Kieselsäure, Eisen u. dergl. reichlicher vorhandenen Stoffen enthält.

Der Verfasser analysirte zum Zwecke dieser Feststellung zwei Mittelstämme, die der berechten und unberechten Fläche entnommen waren, sowie die Nadeln von sechs verschiedenen Kiefern, welche Mittelstämmen drei verschiedener Stammklassen entsprachen und vom Professor Dr. Schwappach für Zuwachsuntersuchungen benutzt worden sind. Die wichtigsten Daten jener Untersuchung sind folgende:*)

Die beiden Kiefernbäume enthielten in tausend Theilen Trockensubstanz:

	Von berechtem Boden			Von geschontem Boden		
	Stammholz mit Rinde	Reißholz (einschl. Nadeln)	Nadeln	Stammholz mit Rinde	Reisholz (einschl. Nadeln)	Nadeln
Reinasche . . .	4.03	9.83	14.73	4.00	10.82	16.75
Kali	0.769	2.733	5.649	0.715	2.603	5.233
Natron	0.080	0.256	0.934	0.048	0.371	1.367
Kalk	**1.608**	**2.365**	**2.140**	**1.803**	**3.140**	**2.482**
Magnesia . . .	0.487	1.233	1.274	0.475	1.053	0.983
Eisenoxyd . . .	0.309	0.953	0.325	0.170	1.048	0.991
Manganoxyduloxyd	0.409	0.569	0.377	0.410	0.891	1.191
Phosphorsäure .	0.262	1.396	3.750	0.206	1.399	3.842
Kieselsäure . .	0.132	0.284	0.300	0.167	0.445	0.656
Stickstoff . . .	2.99	8.07	13.58	2.55	7.82	15.71

Ein bedeutsamer Unterschied im Aschengehalt macht sich nur in Bezug auf Kalk geltend. Die Analysen zeigen, daß der auf berechtem Boden erwachsenen Kiefer von diesem Stoff weniger zur Verfügung stand, als der auf geschontem Boden. Für die Entwickelung einer Pflanze und natürlich auch jedes Baumes ist das Gesetz des Minimums maßgebend. Der in geringster Größe vorhandene, zum Leben notwendige Faktor beherrscht die ganze Produktion. Das Fehlen eines Nährstoffes ist also ebenso bedeutsam, wie das des Lichtes, Wassers u. s. w.

*) Vergl. Zeitschr. f. Forst- und Jagdwesen. 1887, Juli.

Ist es möglich nachzuweisen, daß die auf berechtem Boden vorhandenen Kiefern im Wuchse zurückgeblieben sind, so kann man, da alle anderen Bedingungen gleichwerthig waren, aussprechen, daß der Mangel an Kalk hierzu die Ursache gewesen ist. Gleichzeitig würde es ein direkter Beweis sein, daß thatsächlich der waldbauliche Werth der Sandböden vom Nährstoffgehalt derselben abhängig ist.

Um für diesen Schluß eine sicherere Unterlage zu finden, wurden noch die Nadeln je dreier Mittelstämme untersucht. Die Beschränkung auf die Vegetationsorgane war gestattet, da sich in diesen jeder Unterschied in Bezug auf die wichtigsten Nährstoffe der Pflanzen am schärfsten ausprägen muß und anderseits die oben ausgeführten Analysen einen genügenden Einblick gewähren.

Tausend Theile der Trockensubstanz der Kiefernnadeln enthielten:

	Bäume der berechten Fläche			Bäume der unberechten Fläche		
	unterdrückter Stamm	Mittelstamm	herrschender Stamm	unterdrückter Stamm	Mittelstamm	herrschender Stamm
Kali	5.02	5.01	3.35	4.47	4.84	4.05
Natron	0.60	0.31	0.41	0.67	0.46	0.23
Kalk	**3.24**	**2.36**	**2.25**	**3.99**	**2.94**	**2.44**
Magnesia	1.83	1.87	1.30	2.08	1.44	0.97
Manganoxydoxyd	1.29	0.39	0.70	0.11	0.17	0.72
Eisenoxyd	1.05	0.68	0.63	1.39	1.21	0.79
Phosphorsäure	3.50	3.44	2.66	4.15	3.27	3.64
Kieselsäure	2.44	1.85	1.89	2.30	2.99	1.38
Reinasche	19.02	16.65	13.16	20.42	17.55	14.36

Ueberall tritt auch hier der Mangel bez. der Mindergehalt an Kalk hervor. Natürlich darf man nur Stämme gleicher Art mit einander vergleichen. Der Kalkgehalt der Nadeln verhält sich in den herrschenden Stämmen der beiden Flächen wie 100 : 108, also annähernd gleich; in den Nadeln der anderen Stämme aber wie 100 : 124, also ganz wesentlich ungünstiger. Sind die hier geäußerten Anschauungen über Ernährung u. s. w. richtig, so sollte man voraussetzen, daß die herrschenden Stämme nur einen unbedeutenden Rückgang erfahren haben, die Mittelstämme einen erheblichen und die unterdrückten Stämme müssen noch mehr gelitten haben.*)

Der Einfluß des Streurechens auf den Zuwachs der Bestände.

Sobald die schädigende Einwirkung der regelmäßigen Streuentnahme auf den Baumwuchs erkannt und die wissenschaftlichen Methoden der Massenaufnahme genügend durchgebildet waren, hat man auch gesucht, die Schädigung des Bestandes zahlenmäßig zum Ausdruck zu bringen.

Die älteren Aufnahmen leiden aber alle unter dem Mangel wirklicher Vergleichbarkeit der betreffenden Untersuchungen. Die Voraussetzung, daß die bei den betreffenden Arbeiten benützten Bestände wirklich gleichartig gewesen sind und anderseits die Veränderungen ausschließlich oder doch ganz überwiegend durch die Streuentnahme herbeigeführt worden sind, war fast niemals zu beweisen. Die durch Vonhausen berechnete Zahl, daß die Entnahme von 35 Centner lufttrockner Waldstreu einen Zuwachsverlust von einer Klafter Holz herbeiführen**), schwebt völlig in der Luft. Wirklich brauchbare Zahlen werden erst die Untersuchungen der seit längerer Zeit angelegten Streuflächen geben; und auch diese nur, wenn sie völlig vorurtheilslos durchgeführt werden und namentlich durch geeignete Methoden die völlige Gleichartigkeit des Bodens nachgewiesen ist. Welche Schwierigkeiten gerade in der letzten Forderung liegen, wird bei der Besprechung der hier ausgeführten Untersuchung von Lehmböden hervortreten.

Die einfache Thatsache, auf der einen Fläche steht soviel, auf der andern soviel Holz, also hat die Streuentnahme den Zuwachs um so

---

*) Die Erscheinung, daß die unterdrückten, oder wenigstens nicht herrschenden Stämme ein reichlicheres Aschenprozent enthalten, ist hier zum ersten Male für Waldbäume aufgefunden. Da das Verhältniß der Nadeln zum ganzen Stamme, also das Nadelprozent, nicht festgestellt wurde, ist es nicht zulässig, aus den Zahlen zu schließen, daß die unterdrückten Bäume eigentlich für ihre Lebensvorgänge besser gestellt seien. Der Verf. ist mit eingehenderen einschläglichen Untersuchungen beschäftigt, die jedoch noch längere Zeit bis zum Abschluß brauchen werden.

**) Vonhausen, Die Raubwirthschaft in den Waldungen. Frankfurt a/M. 1867.

und so viel Prozent gesteigert oder verringert, ist so lange werthlos, wie nicht nachgewiesen ist, daß dieser Wirkung auch die Streuentnahme zu Grunde liegt.

Zweifellos gehören bez. Untersuchungen der Zuwachsverhältnisse zu den schwierigsten Aufgaben des Forstmannes. Hier können nur diejenigen von Prof. Schwappach besprochen werden, denen Bodenuntersuchungen parallel gehen.*) Im Folgenden sind die hauptsächlichsten Resultate zusammengestellt:

Die jährlich berechte und eine entsprechende geschonte Fläche wurden gekluppt. Für das Hektar berechneten sich folgende Werthe:

Ergebnisse der Massenaufnahme.

	Jährlich berechte Fläche	Unberechte Vergleichsfläche
Stammzahl . . .	2377	2276
Durchmesser . . .	4—21 cm	4—27 cm
Mitteldurchmesser . .	10.1 cm	10.4 cm
Stammgrundfläche .	21.093 cm	22.420 cm
Mittelhöhe	7.66 m	8.15 m
Derbholz	53.80 fm	76.08 fm
Reisholz	34.37 "	38.16 "
Gesammtmasse . . .	88.17 "	114.24 "

„Es besteht demnach bezüglich der Masse eine Differenz zu Ungunsten der jährlich berechten Fläche von 22.28 fm Derbholz (29.3 %) und 3.79 fm Reisholz (9.9 %) in Summa von 26.07 fm (22.7 %)."

Zur Zuwachsermittelung wurden drei Stammklassen gebildet und von jeder je zwei Probestämme untersucht.

Der Höhenzuwachs betrug:

	Berechte Fläche.	Unberechte Fläche.
1856/65	2.75 m	2.92 m
1866/76	1.68 m	2.27 m
1877/86	1.33 m	1.53 m

*) Zeitschrift für Forst- und Jagdwesen 1887. S. 401.

und für das Jahr	berechte Fläche	unberechte Fläche
1856/65	0.27 cm	0.29 cm
1866/76	0.15 cm	0.21 cm
1877/86	0.11 cm	0.15 cm.

„Während also im Decennium vor Beginn des Versuches bei einem sehr lebhaften Längenwachsthum im Durchschnitt pro Jahr nur eine Differenz von 2 cm bestand, was eben für die Gleichwerthigkeit der beiden Flächen spricht, erhöhte sich dieselbe in den darauf folgenden 11 Jahren sofort auf 6 cm pro Jahr, um im nächsten Decennium, in welchem die Energie des Längenwachsthums überhaupt nachließ, wieder auf 4 cm pro Jahr zu sinken."

Von dem Massenzuwachs genügt es hier, die Prozente desselben mitzutheilen. (No. 1, 2, 78.)

Massenzuwachsprozent.

Nummer des Stammes	Berechte Fläche			Nummer des Stammes	Unberechte Fläche		
	1856/65	1866/76	1877/86		1856/65	1866/76	1877/86
1	16.20	5.27	3.17	7	18.00	8.70	4.54
2	—	7.57	3.90	8	—	8.86	5.32
3	16.65	6.36	6.15	9	18.26	8.43	6.05
4	17.68	5.61	4.77	10	18.49	7.52	4.67
5	16.40	5.00	4.66	11	19.50	8.51	7.06
6	15.21	6.04	4.18	12	15.26	8.88	5.23
Im Mittel	16.43	5.97	4.57	Im Mittel	17.90	8.48	5.65

Die Thatsache eines erheblichen Rückganges des Bestandes durch zwanzigjährige Streuentnahme ist damit für die betreffende Fläche nachgewiesen. Alle Bedingungen sind gegeben, um die schädigende Wirkung des Streurechens zu steigern, und trotzdem ist auch nicht annähernd das Vonhausen'sche Verhältniß zwischen genutzter Streu und Zuwachsverlust erreicht. (Es sind in den 20 Jahren 1866/86 gewonnen worden 331 Doppelcentner Streu, also auf je 15 Doppelcentner 1 fm Holzmasse weniger.) Bedenkt man ferner die lokalen Verhältnisse, auf der Streufläche findet sich eine relativ nicht unbedeutende Kahlstelle, so wird die Verminderung der Holzerzeugung noch weniger Bedeutung beanspruchen können.

Der Schwerpunkt der durch Streunutzung herbeigeführten Schädigung liegt in viel höherem Maße in der dauernden Schädigung und Verschlechterung des Bodens, und der dadurch bedingten Schwierigkeit einer späteren Neukultur. Es ist daher in jeder Beziehung gerechtfertigt, auf geringen Sandböden jede Streuentnahme zu verhindern; wenigstens soweit nicht eine Rohhumuslage denselben bedeckt, und auch dann wird Eintrieb von Schweinen und die durch das Brechen derselben bewirkte Bodenverwundung immer weit vorzuziehen sein.

IX. Die Streuentnahme auf Lehmböden.

Untersuchungen über die Veränderungen, welche durch Streunutzung auf Lehmböden herbeigeführt werden, liegen nur von Stöckhardt vor.*) Er untersuchte drei Flächen, von denen die eine geschont, eine zweite seit kürzerer Zeit geschont, die dritte regelmäßig berecht worden war.

Die folgende Zusammenstellung giebt die wichtigsten Resultate an. Die Untersuchung umfaßt die Bodenschichten bis zu zwanzig Zoll Tiefe.

Je 100000 Theile Boden enthielten in Salzsäure löslich

		Kali	Kalkerde	Magnesia	Phosphorsäure	Schwefelsäure	Abschlämmbare Theile % des Bodens
Obergrund	geschonter Boden	152	67	22	166	61	56.5
	nicht geschonter Boden	144	62	18	159	75	54.5
Untergrund	geschonter Boden	110	65	25	140	60	50.1
	nicht geschonter Boden	92	59	26	140	58	48.4
Gesammtboden	geschonter Boden	262	132	47	306	121	53.3
	nicht geschonter Boden	236	121	44	299	133	51.5

Stöckhardt kommt zu dem Schluß, daß der berechte Boden ärmer an Mineralstoffen sei, als der geschonte und daher auch auf Lehmböden der schädigende Einfluß des Streurechens nachweisbar sei. Nach Meinung des Verfassers ist diese Anschauung mit den gegebenen Zahlen nicht zu beweisen.

*) Tharand. Jahrb. Bd. 9. S. 280. 1864.

In den meisten Fällen sind die im geschonten Boden gefundenen Werthe etwas höher als in den berechten; aber der Unterschied ist einmal so gering, daß er ebensowohl aus kleinen Verschiedenheiten des Bodens zu erklären ist und anderseits hat der Kalk nur eine ganz verschwindende Abnahme erfahren; der Gehalt an Schwefelsäure ist im berechten Boden sogar höher als im geschonten. Die Ausfuhr von Mineralstoffen durch die Streunutzung kann eine nachweisbare Verarmung nicht herbeiführen, und im Fall eine stärkere Auswaschung stattgefunden haben sollte, müssen die am leichtesten löslichen Stoffe (Kalk und Schwefelsäure) auch den größten Verlust zeigen. Nach Meinung des Verfassers kann man aus der betreffenden Untersuchung nur den Schluß ziehen, daß ein Unterschied in der Zusammensetzung des längere Zeit berechten und des geschonten Bodens nicht nachweisbar sei.

Eine fernere Untersuchung eines reichen Bodens giebt Councler.*) Er untersuchte Muschelkalk- (Wellenkalk-) Böden der Oberförsterei Lohra. Das Grundgestein (einschließlich des in Salzsäure unlöslichen 2—3% betragenden Rückstandes) bestand aus kohlensaurem Kalk mit 4—6% anderen Bestandtheilen, darunter 0.2 bis 0.4% Kali.

Bei der Verwitterung des Gesteines wird überwiegend kohlensaurer Kalk gelöst und weggeführt, die übrigen Bestandtheile bleiben zurück und bilden einen mäßig zähen Thonboden.

Der Bestand wurde von Buchen (der I. bis II. Ertragsklasse angehörig), mit eingesprengtem Ahorn, Esche und Hainbuche gebildet. Die Bodenflora: Paris quadrifolia, Arum maculatum und Asperula odorata deuten auf einen Mullboden, die Angabe einer 4 cm mächtigen Laubschicht (Distrikt 18) auf eine bereits beginnende Torfbildung. Die verschiedenen Schichten: durch Humus gefärbter Thon 2 bis 4 cm, grau bis schwarzbrauner Thon 23—30 cm und gelblicher Thon 5—16 cm hatten eine Mächtigkeit von 30—50 cm, darunter lag das unveränderte Grundgestein.

Die einzelnen Bodenschichten zeigten folgende Zusammensetzung im Gesammtgehalt an löslichen und unlöslichen Mineralstoffen.

---

*) Zeitschr. f. Forst- u. Jagdwesen. Bd. 15 S. 121. (1885).

Distrikt 14.

	Durch Humus gefärbter Thon	Graubrauner Thon	Gelblicher Thon
Kali	2.32	2.52	2.65
Natron	0.66	1.03	0.93
Kalk	1.14	1.11	1.16
Magnesia	0.94	0.35	0.83
Manganoxydulоxyd	0.33	0.21	Spur
Eisenoxyd	3.82	3.44	6.53
Thonerde	9.83	15.60	17.60
Phosphorsäure	0.21	0.18	0.20
Schwefelsäure	Spur	Spur	Spur
Kohlensäure	0.14	1.28	1.11
Kieselsäure	63.57	64.47	54.13
Stickstoff	0.51	0.33	0.25
Kohlenstoff in organ. Verbindungen	4.82	2.58	1.24
Hygroskopisches Wasser	7.59	4.26	8.70

Die Zusammensetzung des Bodens in Distrikt 18 war fast ganz übereinstimmend mit den angeführten Analysen.

Councler legt nun diese Zahlen einer Berechnung zu Grunde, welche sich auf eingehende Analysen der auf jenen Flächen geworbenen Streu stützt, um die mögliche Erschöpfung des Bodens festzustellen.

Der Gehalt an Kali im Boden ist größer als in den meisten Streusorten, es kann also nur die Phosphorsäure in Frage kommen. Auf dem flachgründigen Boden im Distrikt 18 würde bei regelmäßig wiederkehrender Nutzung ein Verbrauch der Phosphorsäure in etwa 1000 Jahren (917 nach Councler) eintreten, vorausgesetzt, daß eine weitere Verwitterung des Grundgesteines nicht statt finden würde. Da diese Voraussetzung nicht eintrifft, es der jetzt lebenden Generation auch ziemlich gleichgültig sein kann, ob in 1000 Jahren eine Erschöpfung des Lohra'er Muschelkalkbodens eingetreten ist, oder nicht, so kann man derartige Bodenarten als solche bezeichnen, die durch Streunutzung nicht zu erschöpfen sind.

Mit Recht macht Councler jedoch auf die physikalischen Aenderungen aufmerksam, die zweifellos viel früher eintreten werden und auf Muschelkalkböden sich besonders unangenehm bemerkbar machen.

Die Untersuchungen des Verfassers*) sind nach demselben Plane ausgeführt, welcher für Sandböden so überzeugende Resultate ergeben hatte.

Die Streuversuchsfläche liegt in der Oberförsterei Freienwalde, Schutzbezirk Breitefenn und ist mit 40jährigen, der ersten Ertragsklasse angehörigen Kiefernstangen bestanden. Es wurden auf der jährlich berechten Unterfläche und im geschonten Bestande je drei Einschläge gemacht. Die Bodendecke bestand aus einem geschlossenen Moospolster mit ziemlich viel Gras. Unter dem Moose fand sich wie in fast allen Kiefernbeständen, eine schwache Schicht von Rohhumus.

Der Boden war aus der Verwitterung von oberem Diluvialmergel hervorgegangen. Derselbe stand zum Theil in mäßiger Tiefe an, während an anderen Stellen Lehm und lehmige Sande über 1 m Tiefe reichten.

Die Bodenprofile der drei einander entsprechenden Einschläge sind folgende (je bis zu 1 m tief):

I. **Einschlag** (westliches Ende der Unterfläche).

1. Unberechte Fläche:
   35 cm Lehm,
   65 cm Mergel.
2. Jährlich berechte Fläche:
   20 cm Lehm,
   80 cm Mergel.

II. **Einschlag** (Mitte der Fläche).

1. Unberechte Fläche:
   70 cm lehmiger Sand,
   30 cm Lehm.
2. Jährlich berechte Fläche:
   53 cm lehmiger Sand,
   47 cm Lehm.

III. **Einschlag** (östliches Ende der Fläche).

1. Unberechte Fläche:
   23 cm sandiger Lehm,
   77 cm Lehm.

*) Die betreffenden eingehenden Untersuchungen kommen in der Zeitschr. f. Forst- u. Jagdwesen zum Abdruck.

2. Jährlich berechte Fläche:
35 cm sandiger Lehm,
65 cm Lehm.

Schon aus dieser Zusammenstellung geht hervor, daß die Verwitterung sehr ungleichmäßig eingedrungen ist. Die 0.3 ha große Unterfläche zeigt daher recht abweichende Bodenverhältnisse. Trotzdem ist der Bestand ein recht einheitlicher. Aus den Analysen läßt sich unschwer nachweisen, daß der Mineralstoffgehalt ein immerhin recht verschiedener ist. Da derselbe keinen sichtbaren Unterschied in der Entwicklung der Bäume hervorgebracht hat, so geht schon hieraus hervor, daß andere Verhältnisse als auf den Sandböden herrschen. Während wir für die diluvialen Sande den waldbaulichen Werth wesentlich auf den Gehalt an mineralischen Nährstoffen zurückführen konnten, ist dies für die Lehmböden nicht möglich. Hier sind es zweifellos andere Bedingungen, welche die Produktion regeln.

Die Bedeutung der Bodenanalysen wird daher für unsern Fall wesentlich herabgedrückt, aber gleichzeitig bieten sie doch Gelegenheit, die Frage einer möglichen Bodenerschöpfung zu behandeln, und bei der hohen Bedeutung der löslichen Salze in den oberen Bodenschichten auch einen Einblick in die physikalischen Eigenschaften zu vermitteln, sowie endlich festzustellen, ob überhaupt durch eine zwanzig Jahre lang geübte Streunutzung eine bemerkbare Aenderung herbeigeführt ist.

Als Beispiele sollen die Analysen des ersten und zweiten Einschlages in ihren Hauptzahlen mitgetheilt werden (siehe die Tabellen S. 85, 86 und 87). Sie entsprechen dem besten und anderseits dem geringsten Boden der betreffenden Fläche. Für Einschlag I möge der Gehalt des Gesammtbodens genügen, während im II auch die löslichen Bestandtheile aufgeführt sind.

Mit Ausnahme des Kali's, welches überhaupt in sehr wechselnden Mengen in den betreffenden Böden vorhanden zu sein scheint, entsprechen die Analysen durchaus den Erwartungen. Der auf der unberechten Fläche ausgeführte Einschlag zeigt eine stärkere Verwitterung (35 cm Lehm zu 20 cm auf der berechten Fläche) und dem entsprechend auch einen geringeren Gehalt an Mineralstoffen, insbesondere auch an dem leicht auswaschbaren Kalke, während die Menge der Schwefelsäure

Einschlag I.

1. Unberechte Fläche.

Der Boden enthält:

	Obere Bodenschicht 35 cm Lehm	Untere Bodenschicht 65 cm Mergel
Kali	2.36	1.74
Natron	0.61	0.34
Kalkerde	2.11	11.07
Magnesia	0.82	1.20
Eisenoxyd	4.45	5.58
Thonerde	7.12	5.41
Phosphorsäure	0.19	0.156
Schwefelsäure	0.018	0.015
In Alkalien lösliche Kieselsäure .	7.91	7.49
Kohlensäure	1.35	7.55

2. Seit 20 Jahren jährlich berechte Fläche.

Der Boden enthält:

	Obere Bodenschicht 20 cm Lehm	Untere Bodenschicht 80 cm Mergel
Kali	0.80	2.69
Natron	0.26	0.15
Kalkerde	2.36	13.82
Magnesia	0.73	0.79
Eisenoxyd	5.44	5.04
Thonerde	7.65	5.38
Phosphorsäure	0.21	0.16
Schwefelsäure	0.018	0.019
Lösliche Kieselsäure	8.44	5.85
Kohlensäure	1.43	9.89

eine auffällig gleiche ist. Es wird sich zeigen, daß auch der zweite Einschlag genau dieselben Verhältnisse zeigt.

Die angegebenen Zeichen + oder — zeigen, ob die unberechte Fläche mehr oder weniger von dem betreffenden Stoff enthält. Mit Ausnahme des Kaliums, welches in der berechten Fläche überhaupt in

Einschlag II.

Der Boden der unberechten Fläche enthält:

	Obere Bodenschicht 70 cm lehmiger Sand		
	Löslich in Salzsäure	Unlöslicher Rückstand	Gesammtboden
Kali	0.1105 +	1.73 +	1.78 +
Natron	0.0292 —	0.68 +	0.68 +
Kalk	0.5450 —	0.63 +	1.25 —
Magnesia	0.1132 —	0.18 +	0.29 ±
Eisenoxyd	1.5300 —	0.97 +	2.47 ±
Thonerde	0.9500 —	4.85 +	5.63 ±
Phosphorsäure	0.1790 +	0.05 —	0.23 —
Schwefelsäure	0.0121 —	—	—
Lösliche Kieselsäure	—	7.49	—
	Untere Bodenschicht 30 cm Lehm		
Kali	0.1697 —	1.94 +	1.89 +
Natron	0.0371 +	0.48 +	0.48 +
Kalk	1.8900 —	0.64 —	2.49 —
Magnesia	0.3745 —	0.24 ±	0.60 —
Eisenoxyd	2.3300 —	0.98 +	3.25 —
Thonerde	1.4100 —	5.82 +	6.86 —
Phosphorsäure	0.1085 —	0.03 —	0.12 —
Schwefelsäure	0.0121 ±	—	—
Lösliche Kieselsäure	—	5.13	—

Der Boden der jährlich berechten Fläche enthält:

	Obere Bodenschicht 53 cm lehmiger Sand		
	Löslich in Salzsäure	Unlöslicher Rückstand	Gesammtboden
Kali	0.0744	0.90	0.91
Natron	0.0797	0.27	0.34
Kalk	0.6450	0.28	0.91
Magnesia	0.2520	0.05	0.29
Eisenoxyd	1.6900	0.88	2.45
Thonerde	1.0700	4.68	5.56
Phosphorsäure	0.0800	0.10	0.17
Schwefelsäure	0.0137	—	—
Lösliche Kieselsäure	—	3.35	—

	Untere Bodenschicht 47 cm Lehm		
	Löslich in Salzsäure	Unlöslicher Rückstand	Gesammtboden
Kali	0.3400	0.80	1.06
Natron	0.0318	0.38	0.37
Kalk	2.0250	0.93	2.86
Magnesia	0.6630	0.24	0.88
Eisenoxyd	4.4000	0.89	5.20
Thonerde	2.0100	5.57	7.04
Phosphorsäure	0.1130	0.06	0.18
Schwefelsäure	0.0121	—	—
Lösliche Kieselsäure . . .	—	7.08	—

geringerer Menge vorhanden zu sein scheint, machen sich in der Zusammensetzung nur wenige Abweichungen geltend. Der Gehalt an löslichen Stoffen ist in dem berechten Boden etwas höher; der Gesammtgehalt dagegen nahezu gleich. Man müßte nach den Analysen annehmen, daß die Bäume auf der berechten Fläche etwas günstigere Lebensbedingungen, wenigstens soweit es sich um die Aufnahme von Mineralstoffen handelt, gehabt haben, als auf der unberechten.

Im Uebrigen macht sich auch hier die Erscheinung geltend, daß entsprechend der weniger tief fortgeschrittenen Verwitterung die berechte Fläche etwas reicher an Kalk und Schwefelsäure ist, als die unberechte. Die Vorgänge der Umbildung des ursprünglichen Mergels und die theilweise Wegführung der feinst-erdigen Bestandtheile ist nun zweifellos ein Werk vieler Jahrhunderte und die kurze Zeit der Streunutzung hat es weder zu steigern noch zu mindern vermocht.

Die Streunutzung hat während eines Zeitraumes von zwanzig Jahren den betr. Boden in seiner chemischen Zusammensetzung nicht verändert, wenigstens nicht in einer nachweisbaren Weise.

Es ist noch zu erörtern, warum die für die Sandbodenarten verderbliche Auswaschung in den Lehmböden so ganz zurücktritt. Begründet ist dies einmal durch die ganz verschiedene Wasserkapazität und andererseits durch die Verschiedenartigkeit der Wasserbewegung in den beiden Bodenarten.

Die Wasserkapazität steigt zunächst mit dem reichlicheren Gehalt an feinerdigen Bestandtheilen, also mit abnehmender Korngröße. Lehmböden können drei bis viermal soviel Wasser festhalten, als Sandböden mittlerer Korngröße.

Wasserkapazität, jährliche Niederschlagsmengen und die Verdunstung sind die Faktoren, welche die Quantität des Sickerwassers bedingen. Natürlich wird sich diese in den verschiedenen Gebieten auch recht verschieden gestalten.

Die Untersuchungen des Verfassers über Sandböden haben gezeigt, daß die kleinste Wasserkapazität derselben (d. h. die Wassermenge, welche dauernd von dem Boden kapillar festgehalten wird, also nicht abfließen kann) sich auf 4—6 Volumenprozent, entsprechend 3—4 Gewichtsprozent, stellt,*) daß demnach bei einem durchschnittlichen jährlichen Niederschlag von 600 mm (für Eberswalde) eine etwa 6—8 Meter mächtige Erdschicht ausreicht, die gesammten atmosphärischen Gewässer aufzunehmen und dauernd festzuhalten. Eine starke Austrocknung der obersten Bodenschichten vermag daher in Sandböden doch nicht ein Abfließen von flüssigem Wasser zu verhüten.

Es enthielten z. B. drei Sandböden bis zu ein Meter Tiefe ganz kurze Zeit nach der Schneeschmelze, also im gesättigten Zustande, an Wasser (in Centimeter Wasserhöhe ausgedrückt)

9.45 cm — 9.53 cm — 8.74 cm.

Im Laufe der Vegetationszeit ergaben sich folgende Verhältnisse. Dieselben Böden, welche am 12. April 1888 die angegebenen Wassermengen enthielten, zeigten:

	1.	2.	3.	
27. April	9.03	8.69	5.38	cm
14. Mai	10.15	7.16	6.03	=
24. Mai	5.95	5.19	4.58	=
24. Juni	6.30	4.35	5.68	=
24. August	4.32	5.88	4.09	=

In der Zeit bis Mitte Juni würde also ein Niederschlag von 40—50 mm Höhe hinreichen, um die ganze ein Meter mächtige Bodenschicht zu sättigen und noch einen Theil des Wassers in die Tiefe abfließen zu lassen.

---

*) Forschg. d. Agrikulturphysik. 11, S. 335.

Die Bewegung des Wassers erfolgt dabei in der ganzen Schicht ziemlich gleichmäßig; die grobporigen Sandböden setzen nirgends dem Abfluß in die Tiefe einen ernsthaften Widerstand entgegen. Nur durch diese Verhältnisse wird die rasche und tiefgehende Auswaschung der Sandböden verständlich.

Die Lehmböden verhalten sich hierin völlig anders. Ueber den Wassergehalt derselben sind wir jetzt durch Ebermayer unterrichtet.*) Nach den betreffenden Angaben enthielt der Boden unter einem 60-jährigen Fichtenbestande (Forstamt Bruck) bis zu 1 m Tiefe folgende Wassermengen:**)

Herbst (Septbr.—Novbr.)	19.5 Gew.%	gleich	etwa	24.5	Vol.%
Winter (Decbr.—Febr.)	22.5	"	"	" 27.8	"
Frühling (März—Mai)	22.2	"	"	" 27.2	"
Sommer (Juni—August).	19.3	"	"	" 27.3	"

Eine Bodenschicht von einem Meter Mächtigkeit vermag also nach jenen Bestimmungen eine Wassersäule von 24—28 cm Höhe dauernd festzuhalten.

---

*) Allgem. Forst- und Jagdzeitung 1889, S. 2.

**) Zur Berechnung der Volumprozente ist angenommen, daß der Boden ein Volumgewicht von 1.5 hat. Der Wassergehalt ist auf die im untersuchten Boden enthaltene Trockensubstanz berechnet, daher die abweichenden Angaben. Die letztere Methode der Darstellung ist nothwendig, um vergleichbare Zahlen zu erhalten. Ein Beispiel mag dies zeigen. Der Boden eines haubaren Fichtenbestandes enthielt in der Oberfläche im April einen Wassergehalt von 54.20 %; im August einen solchen von 25.95 %. Vergleicht man die Zahlen oberflächlich, so scheint es, als ob der betreffende Boden im April etwas mehr als das Doppelte an Wasser enthält als im August; thatsächlich stellt sich aber das Verhältniß folgendermaßen; der entnommene Boden enthielt

im April	45.80	Thl. feste Bestandtheile u.	54.20	Thl.	Wasser,
" August	74.05	" " "	25.95	"	"

Auf hundert Theile feste Bestandtheile berechnet, im ersten Fall 118 %, im zweiten 35 %, also etwa ein Drittel.

Die Unterschiede im Wassergehalt zwischen bebautem und nacktem Boden machen sich nach Ebermayer namentlich in der Tiefe bis zu 50 cm bemerkbar, also in den Bodenschichten, in denen sich überwiegend die Wurzeln der Waldbäume ausbreiten.

Die bisherigen Untersuchungen des Verfassers ergeben für die diluvialen Lehmböden der Umgegend von Eberswalde geringere Zahlen; er fand durchschnittlich 12—15 Gew.% entsprechend 18—22 Vol.% Wasser. Anderseits aber zeigten sich auch, der geringeren Niederschlagmenge des nordischen Flachlandes entsprechend, viel größere Differenzen im Gehalte während der Vegetationszeit.

Nach Ebermayer würde demnach eine Schicht von etwa 2 m, nach den Untersuchungen des Verfassers von etwa 3 m Mächtigkeit ausreichen (in der Eberswalder Gegend), die gesammten jährlichen Niederschläge aufzunehmen und festzuhalten.

Schon hieraus ergiebt es sich, daß eine Auswaschung von löslichen Stoffen in Lehmböden viel schwieriger stattfinden kann, als in Sandböden.

Die Bewegung des Wassers in Lehmböden ist dabei eine von der in Sandböden wesentlich verschiedene. Sieht man von der obersten zumeist wenig mächtigen lockeren Schicht ab, so zeigt sich das Gefüge der tieferen Lagen in Lehmböden als durchaus porös. Verhältnißmäßig größere Hohlräume durchziehen den Boden nach allen Richtungen. In diesen größeren Hohlräumen, sowie in den Wegen, welche verrottende Pflanzenwurzeln oder die Gänge der Regenwürmer in die Tiefe gebahnt haben, erfolgt die Abwärtsbewegung des Wassers; die einzelnen Bodentheile sättigen sich von dort aus kapillar.

Durch Streuentnahme wird daher in Lehmböden eine nennenswerthe Steigerung der Auswaschung löslicher Stoffe nicht stattfinden, und anderseits kann endlich der Verlust bei dem reichlicheren Gehalt an Mineralstoffen viel weniger ins Gewicht fallen.

Die physikalischen Eigenschaften des Bodens der Streuversuchsfläche.

Die Ausführungen über die auf Sandböden durch Streuentnahme herbeigeführten physikalischen Aenderungen zeigten, daß dieselben auf die Zerstörung der Krümelstrukter und dichtere Lagerung der einzelnen

Bodentheilchen zurück zu führen war. Als Ursache dieser Bodenverhärtung muß man die Auswaschung der löslichen Salze betrachten.

Schon die Analysen zeigen, daß eine ähnliche Einwirkung auf den untersuchten Flächen nicht zu erwarten ist; die direkten Bestimmungen stehen hiermit in vollem Einklange.

Zur Untersuchung kamen für die jährlich berechte Fläche zwei Einschläge, welche den zur chemischen Analyse benutzten Profilen II und III entsprechen. Außerdem wurden noch Bestimmungen auf der alle zwei Jahre und alle vier Jahre berechten Fläche ausgeführt. Proben wurden an der Oberfläche (bis 11 cm tief) und in 20—30 cm Tiefe entnommen.

Für die Bestimmung der Porenvolumen, Wassergehalt u. dergl. war es nothwendig, den Gehalt an Steinen genau festzustellen und entsprechende Gewichts- beziehentlich Volumenprozente in Abrechnung zu bringen. Der Steingehalt schwankte zwischen 1 und 13 % im Gewichte des Bodens. Wirklich vergleichbare Zahlen waren also nur auf dem angegebenen Wege zu erhalten.

Die Probeentnahme geschah im December, also zu einer Zeit, wo die oberen Schichten des Bodens schon recht sehr mit Wasser gesättigt sind. Es wird nicht überflüssig sein, die betreffenden Wasserbestimmungen (auf steinfreien Boden berechnet) hier mitzutheilen.

Der Boden enthielt Wasser:

	An der Oberfläche		In 20—30 cm Tiefe	
	Gew. %	Vol. %	Gew. %	Vol. %
1. Unberechte Fläche				
Einschlag II . .	15.99	21.6	12.09	23.9
Einschlag III . .	15.6	21.7	13.8	23.9
2. Jährlich berechte Fläche				
Einschlag II . .	16.1	22.2	15.8	22.4
Einschlag III . .	15.1	21.0	12.7	20.9
3. Alle zwei Jahr berechte Fläche entspricht der Höhe von Einschlag III	17.6	22.7	14.1	23.1

4. Alle vier Jahr berechte Fläche Höhe von Einschlag III . . .	19.9	26.3	16.6	23.8

Das specifische Gewicht der Bodenarten war an der Oberfläche durchweg 2.6, in 20—31 cm Tiefe etwas höher, wahrscheinlich eine Folge des reichlicheren Eisengehaltes.

Das Porenvolumen stellte sich folgendermaßen:

	0—11 cm tief (Oberfläche)	20—31 cm tief
1. Unberechte Fläche		
Einschlag II . .	47.9	39.9
Einschlag III . .	46.9	36.7
2. Jährlich berechte Fläche		
Einschlag II . .	46.7	48.2
Einschlag III . .	46.7	39.9
3. Alle zwei Jahr berechte Fläche .	50.4	41.0
4. Alle vier Jahr berechte Fläche .	49.9	47.0

Ein bemerkbarer Unterschied im Porenvolumen der berechten und unberechten Fläche tritt nicht hervor; dagegen sind die Porenvolumina der in längeren Zwischenräumen genützten Unterflächen wesentlich höher. Es ist nicht ausgeschlossen, daß dies eine Folge der Beseitigung der Rohhumuslage ist, welche hier wie unter allen Kiefernbeständen sich findet, wenn sie auch meist nur eine geringe Mächtigkeit erlangt.

Die auffallend abweichenden Zahlen der tieferen Bodenschichten müssen erst durch eine größere Reihe von Untersuchungen ihre Erklärung finden. Es scheint, als ob die abwechselnde Tiefe, bis zu welcher die Verwitterung auf verschiedenen Stellen der Mergelböden eindringt, hierfür eine ganz besondere Bedeutung hat.

Zweifellos ist man aber berechtigt auszusprechen, **daß durch eine zwanzigjährige Streunutzung weder in chemischer noch in physikalischer Beziehung eine merkbare Veränderung des Bodens eingetreten ist.**

Sind die untersuchten Lehmböden durch Streunutzung zu erschöpfen?

Nachdem der Nachweis geführt worden ist, daß eine merkbare Abnahme im Mineralstoffgehalt der betreffenden Flächen durch Auswaschung in einem immerhin längeren Zeitraume nicht eingetreten ist, so muß noch die durch die Streunutzung ausgeführte Mineralstoffmenge berechnet werden. Man kann dann einen annähernden Schluß auf die Zeit machen, welche bis zur völligen Erschöpfung der Böden vergehen würde. Sind solche Zahlen auch noch so hypothetisch, so sind sie doch durchaus geeignet, ein Bild darüber zu geben, ob die Forstkultur in dieser Beziehung besondere Rücksichten zu nehmen hat.

Eingehendere Analysen, der auf den betreffenden Flächen gewonnenen Streu sind nicht ausgeführt worden, man darf sich aber bei einer Berechnung auf solche der Streu von ähnlichen Flächen stützen. Als Grundlage mag eine solche dienen, welche die Maximalmengen enthält, die bisher in unserer Kiefernstreu gefunden worden sind.*)

Hiernach stellt sich der Gehalt an den wichtigsten Mineralstoffen in 1000 Theilen Trockensubstanz auf:

Kali . . .	1.63
Kalkerde . .	7.39
Magnesia . .	1.01
Phosphorsäure	2.19
Reinasche . .	18.26

Auf der Streufläche sind während 21 Jahren (1865—1886) gewonnen (auf 1 ha berechnet) 528.8 rm, entsprechend 62630 kg; also für das Jahr und Hektar 25.2 rm = 2984 kg Streu.

Der gesammte und jährliche Entzug an den wichtigsten Stoffen stellt sich wie folgt:

	Gesammtmenge, in 21 Jahren entnommen.	Für Jahr und Hektar.
Kali	101.8 Kl	4850 gr
Kalkerde	504.9 „	24040 „
Magnesia	63.3 „	3010 „
Phosphorsäure . . .	137.2 „	6540 „
Gesammte Mineralstoffe	1167.3 „	55590 „

*) Vergl. Zeitschr. f. Forst- u. Jagdwesen. 1888.

Berechnet man die Mineralstoffmenge, welche in der unberechten Bodenfläche enthalten ist (bis zu 1 m Tiefe) und benutzt als Grundlage die Zusammensetzung der Mitte der Fläche (Einschlag II), wo die Verwitterung am stärksten vorgeschritten, und dem entsprechend die Menge der Mineralstoffe am geringsten ist, so stellt sich die Rechnung folgendermaßen.

Ein Hektar Bodens bis zu 1 m Tiefe enthält:

Kali . . .	229000 kg
Kalkerde . .	232000 „
Magnesia .	55000 „
Phosphorsäure	27200 „

Eine völlige Erschöpfung des Bodens würde durch fortgesetzte Streuentnahme eintreten

an Kali	in 45800	Jahren
„ Kalk	„ 9600	„
„ Phosphorsäure	„ 3900	„

Etwas anders stellen sich diese Zahlen, wenn man nur die löslichen Bestandtheile berücksichtigt, obgleich ein allmählich voranschreitender Aufschluß aller Mineraltheile erfolgen muß.

Die in einem Hektar vorhandene Menge berechnet sich (an löslichen Bestandtheilen):

an Kali . . .	13000 kg
„ Kalkerde . .	137700 „
„ Phosphorsäure	21800 „

Eine völlige Erschöpfung würde also zu erwarten sein:

an Kali	nach 2600	Jahren
„ Kalkerde	„ 5700	„
„ Phosphorsäure	„ 3100	„

Sind diese Zahlen auch noch so hypothetisch, so beweisen sie doch ohne Zweifel wenigstens, daß auf den **reicheren Bodenarten eine Erschöpfung an zur Pflanzennahrung nothwendigen Mineralstoffen nicht zu erwarten ist.**

Die Verhältnisse des Bestandes auf den untersuchten Flächen.

In ganz gleicher Weise wie dies in Bezug auf den Bestand des früher besprochenen armen Sandbodens geschehen ist, hat Herr Professor Schwappach auch die Zuwachsverhältnisse der letzteren Streufläche untersucht; nur daß hier auch noch die Einbeziehung der alle sechs Jahre berechten Fläche möglich wurde.*)

Der Bestand war z. Z. vierzigjährig; es war möglich, eine Massenaufnahme von 1871 zum Vergleich heranzuziehen.

Die Massenaufnahmen ergaben:

	Unberechte Fläche		Alle sechs Jahr berechte Fläche		Jährlich berechte Fläche.	
	1871	1888	1871	1888	1871	1888
Mittlere Höhe m	7.8	13.5	9.0	14.2	9.3	13.4
Stammzahl	3860	2200	3140	1957	4000	2103
Durchmesser (von—bis) cm .	3—23	6—28	3—21	7—30	4—18	6—28
Mittlerer Durchmesser cm .	10.1	15.2	10.8	15.9	8.7	14.3
Stammgrundfläche qm . .	30.820	39.660	28.804	38.800	23.998	33.807
Holzmasse (Derb- und Reisholz) fm	177.3	310.0	188.4	296.6	144.3	250.6
Gesammt-Durchschnittszuwachs fm	7.39	7.75	7.85	7.42	6.01	6.26

Setzt man ohne weiteres voraus, daß die verschiedenen Massenerträge gleich sein müßten und nur durch die Streunutzung beeinflußt seien, so ist der gegenwärtige Vorrath auf der alle sechs Jahre berechten Fläche um 14.4 fm, auf der jährlich berechten um 59.4 fm geringer als auf der unberechten Fläche. Es entspricht dies den jetzt herrschenden Anschauungen, und sehr viele Male sind derartige Schlußfolgerungen ohne jedes Bedenken gezogen worden.

Betrachtet man zunächst das Verhältniß der 1871 vorhandenen Massen auf den drei Vergleichsflächen, so sind diese

Unberecht	Alle 6 Jahre berecht	Jährlich berecht
177 fm	188 fm	144 fm.

Setzt man die Masse der unberechten Fläche gleich 100, so ergiebt sich

100 : 106 : 80.

*) Zeitschrift für Forst- und Jagdwesen 1888, S. 641.

Im Jahre 1888 fanden sich auf der betreffenden Fläche:

Unberecht	Alle sechs Jahre berecht	Jährlich berecht
310 fm	296,6 fm	250,60 fm

entsprechend

100 : 96 : 81

Zwischen jährlich berechter und unberechter Fläche ist also eine Veränderung im relativen Verhältniß der Massen nicht eingetreten. Nur die alle sechs Jahre berechte Fläche ist wesentlich ungünstiger gestellt worden. Es ist also schon hiernach im hohen Grade unwahrscheinlich, daß ein bemerkbarer Einfluß des Streurechens eingetreten ist. Jedenfalls müßte dann doch die jährlich berechte Fläche dies am ausgeprägtesten zeigen; statt dessen aber läßt sich auf derselben eine Einwirkung überhaupt nicht nachweisen. Der Rückgang der alle sechs Jahre berechten Fläche ist auf andere Ursachen zurückzuführen, jedenfalls ist aber die Streuentnahme daran unschuldig.

Noch deutlicher werden diese Thatsachen, wenn man die von Schwappach veröffentlichten Stammanalysen vergleicht. Hier sind namentlich die Zuwachsprozente von Interesse; dieselben stellen sich in folgender Weise:

Zuwachsprozente der Probestämme.

Fläche I. unberecht.

	1856/65 vor Beginn der Streuentnahme	1866/75	1876/87
Stamm Nr. 1	16.04	11.46	3.55
= = 2	19.70	8.76	3.74
= = 3	16.70	7.08	3.85
= = 4	19.68	7.42	4.12
= = 5	18.38	8.06	5.73
= = 6	19.20	7.86	4.87
Im Durchschnitt	18.28	8.44	4.31
Verhältniß des prozentischen Zuwachses. 1876/87 = 100	424	196	100

Fläche II. Alle sechs Jahre berecht.

	1856/65	1866/75	1876/87
Probestamm Nr. 7	18.88	7.24	2.46
" " 8	14.85	8.38	5.57
" " 9	19.04	7.86	4.58
" " 10	16.90	7.01	4.93
" " 11	18.83	8.26	5.97
" " 12	18.27	7.63	4.31
Durchschnittliches Zuwachsprozent . . .	17.80	7.73	4.64
Verhältniß des prozentischen Zuwachses (1876/87 = 100)	382	167	100

Fläche V. Jährlich berecht.

	1864/65	1866/75	1876/87
Probestamm Nr. 13	17.77	6.34	3.02
" " 14	14.65	6.09	4.64
" " 15	13.02	6.71	3.30
" " 16	14.50	6.80	4.65
" " 17	16.15	7.29	5.59
" " 18	16.53	5.75	4.78
Durchschnittliches Zuwachsprozent . . .	15.44	6.50	4.33
Verhältniß des prozentischen Zuwachses (1876/87 = 100)	356	150	100

In den drei Dezennien verhält sich also der prozentische Zuwachs wie folgt:

auf der unberechten Fläche wie . . . . . 2 : 1 : 0.5
auf der alle sechs Jahr berechten Fläche wie 2 : 1.2 : 0.7
auf der jährlich berechten Fläche wie . . 2 : 0.85 : 0.6

Will man die Veränderungen der Streuentnahme zuschreiben, so müßte man annehmen, daß dieselbe bei einem sechsjährigen Turnus außerordentlich günstig eingewirkt und den prozentischen Zuwachs im ersten Dezennium um $^1/_6$—$^1/_5$, im zweiten um fast die Hälfte gesteigert habe. Der alljährlich erfolgende Streuentzug würde dann im ersten Jahrzehnt ein Fallen des prozentischen Zuwachses um mehr als ein Fünftel, im zweiten Dezennium eine Steigerung desselben um etwa ein

Sechstel herbeigeführt haben. Es sind dies Folgerungen, die wohl Niemand als richtig annehmen wird. Untersucht man die Verhältnisse der betreffenden Flächen an Ort und Stelle, so giebt sich eine viel einfachere Lösung des verschiedenen Verhaltens des ganzen Bestandes.

Derselbe liegt am Feldrande. Die unberechte Unterfläche beginnt etwa 15—20 Schritt von demselben. Wie man aus dem ganzen Verhalten der Bodendecke, des Moospolsters und dergleichen sofort sehen kann, erstreckt sich die Einwirkung des stärkeren Licht- und Luftzutrittes bis auf etwa die Mitte der unberechten Unterfläche.

Durch einen Isolirstreifen davon getrennt findet sich die Fläche II (sechsjährig berecht), und so fortschreitend zuletzt die jährlich berechte Fläche; nur etwa zwanzig Schritt hinter derselben beginnt älterer Kiefernwald.

Stellen wir uns das Bild der Entwickelung des Bestandes dar, wie es sich aus den Probestämmen ableiten läßt.

Die am Feldrand erwachsenen Bäume waren zunächst in ihrer Höhenentwickelung zurückgeblieben (mittlere Höhe 1871 auf Fläche I = 7.8 m, auf II = 9 m, auf V = 9.3 m), hatten aber dafür einen größeren mittleren Durchmesser (Fläche I = 10.1 cm, Fl. II = 10.8 cm, Fl. V = 8.7 cm). Besonders bevorzugt war Fläche II, wo schon frühzeitig der Bestand etwas lichter war und dem entsprechend die einzelnen Stämme sich günstiger ausbilden konnten (Fl. I = 3860 Stämme, Fl. II = 3140 Stämme, Fl. V = 4000 Stämme). Im Laufe der Jahre glich sich dies allmählich aus; der Randbestand kam in Bezug auf seinen Höhentrieb allmählich nach; die Fläche II büßte mit fortschreitendem Baumalter und der Auslichtung der übrigen Bestände ihren Vorzug ein; kurzum, es trat mehr eine Ausgleichung in den Lebensbedingungen der einzelnen Bäume ein.

Im Stangenalter sind nun zweifellos diejenigen Bäume am günstigsten gestellt, welche vom Waldrand mäßig entfernt stehen. Sie vermögen den Lichteinfall auszunutzen und die raschere Zersetzung der Streu beeinflußt die Ernährung vortheilhaft. Es ist daher gar nicht auffällig, daß die Bestände der Flächen I und II größeren Zuwachs und günstigere Entwickelung als die der Fläche V zeigen. Es wird dies zur Gewißheit, wenn das relative Verhältniß des Zuwachses ein nahezu gleiches bleibt, wie dies Seite 96 nachgewiesen ist. Die abweichenden Zahlen der Fläche II darf man der lichteren Stellung der Bäume zuschreiben. Ein Einfluß der Streuentnahme auf den Bestand ist dann überhaupt nicht nachzuweisen, oder doch nur in ganz verschwindendem Maße für die jährlich berechte Fläche.

Die eingehendere Darstellung der Verhältnisse dieser Probefläche zeigt, wie sehr alle lokalen Bedingungen untersucht und berücksichtigt werden müssen, wenn nicht irrthümliche Schlußfolgerungen gezogen werden sollen. Sie beweist ferner, worauf schon früher hingewiesen ist, daß die einfache Massenermittelung durchaus nicht genügt, um den Einfluß der Streuentnahme festzustellen. Die günstigsten Resultate in diesem schwierigen Kapitel wird immer noch die Untersuchung der Aenderung des Zuwachses an Einzelstämmen ergeben.

In nächster Nähe des untersuchten Stangenholzes befindet sich eine Streuversuchsfläche unter jetzt 96jährigen Kiefern. Die Bodenverhältnisse sind nicht eingehend untersucht worden, aber wahrscheinlich dem vorbesprochenen sehr ähnlich. Die Zuwachsuntersuchungen des Bestandes führten Prof. Schwappach zu folgenden Schlußfolgerungen:

„Während der nun 21jährigen Dauer des Versuches lassen sich schädliche Folgen des Streuentzuges bei sechsjährigem Turnus für den älteren (73—95jährigen) Bestand überhaupt nicht nachweisen."

„Wird die Streu zwar alljährlich gerecht, aber so, daß nur jener Theil der Bodendecke entfernt wird, welcher sich mit hölzernen Rechen leicht wegnehmen läßt, so ist auf guten Standorten die Einwirkung auf das Wachsthum eines über siebzig Jahre alten Kiefernbestandes fast verschwindend."

Die von forstlicher Seite ausgeführte Untersuchung des Bestandes führt zu denselben Schlußfolgerungen, welche die Untersuchung der Böden ergeben hatte. Die Anschauung, daß eine maßvoll geübte Streuentnahme auf den reicheren Bodenarten und unter besseren Beständen ohne Bedenken ist, ist erwiesen.

Der Verfasser hat außerdem noch eine zweite Reihe von Analysen über Lehmböden und deren Veränderung durch Streunutzung ausgeführt. Es betreffen dieselben einen weniger reichen Boden des Schutzbezirks Melchow (Oberförsterei Eberswalde). Die Ergebnisse stimmen mit den hier dargelegten in allen wesentlichen Punkten überein.

Die Analysen von Stöckhardt, Councler, sowie die in größerer Ausdehnung vom Verfasser durchgeführten ergeben übereinstimmend folgende Resultate:

Eine länger fortgesetzte Streunutzung läßt einen durch Analyse nachweisbaren Unterschied in der chemischen Zusammensetzung der Lehmböden nicht erkennen.

Der Gehalt der reicheren Bodenarten an Pflanzennährstoffen ist ein so großer, daß in absehbarer Zeit eine Erschöpfung der Böden durch Streunutzung nicht eintreten wird.

In Bezug auf die physikalischen Eigenschaften der hier untersuchten Böden war ein Unterschied zwischen berechten und unberechten Böden nicht nachzuweisen.

Eine alle sechs Jahre wiederkehrende Streuentnahme hatte einen bemerkbaren Einfluß auf den Bestand nicht gehabt.

Schlußwort.

Die bedeutsamste Wirkung der Waldstreu liegt in einer Düngung der oberen Bodenschichten. Die Bäume nehmen aus den tieferen Lagen des Bodens Mineralstoffe auf und bei dem Abfall des Laubes kommt der größte Theil dem Boden wieder zu Gute.

Die bodenverbessernde Wirkung des Waldes beruht also im Wesentlichen auf einer Anreicherung der oberen Schichten an Mineralstoffen. Von besonderer Bedeutung ist dabei, daß ein großer Theil der in der Waldstreu enthaltenen Aschenbestandtheile sich in einer leicht löslichen Form befindet. Schon der erste Regen, welcher die Streu trifft, löst eine ganz bedeutende Menge von Salzen auf. Natürlich wird hierdurch nicht nur die Menge der leicht aufnehmbaren Pflanzennährstoffe gesteigert, sondern gleichzeitig die Krümelung des Bodens erhalten und gefördert.

Aber noch andere wichtige Einwirkungen machen sich geltend, wenn sie sich auch in voller Bedeutung nur an den Bergwänden und Hängen bemerkbar machen.*)

*) Vergl. hierüber namentlich Ebermayer, Lehre der Waldstreu 1876. Berlin.

Eine Streudecke, besonders eine solche von Moosarten, verhindert ein zu rasches Abfließen des Wassers und damit zugleich ein Verschlämmen der feinerdigen Bodentheile in die Tiefe.

An Bergabhängen macht sich dies natürlich besonders stark geltend; haben wir auch alle Ursache anzunehmen, daß ein berechter Boden unter normalen Verhältnissen nicht wasserärmer ist als ein streubedeckter, so gilt dies doch nicht für das Eindringen plötzlicher, größerer Wassermassen, wie sie Platzregen und Gewitter der Erdoberfläche zuführen. In vielen Gebirgen hat die Entwaldung das Entstehen von Wildbächen hervorgerufen und zahllose Opfer an Kraft und Geld sind nothwendig, um die eingerissenen Schäden wieder zu beseitigen. In solchen Gebieten wirkt die Streudecke als mechanisches Hinderniß dem Abfluß des Wassers entgegen. An solchen Stellen würde eine jede Streunutzung ein Frevel sein. Glücklicherweise sind aber derartige Gebiete doch nur wenig verbreitet, und der Wald als Schutzwald hat einen andern Zweck und eine andere Bedeutung als es die große Masse der Wälder beanspruchen kann.

Ueberall im Gebirge macht sich jedoch diese schützende Wirkung der Streudecke mehr oder weniger geltend.

„Wer mit beobachtendem Blicke im Walde geht, kann schon aus der Häufigkeit und der mehr oder minder bedeutenden Tiefe und Breite der Wasserrisse beurtheilen, ob und wie stark der Wald mit Streunutzung heimgesucht ist, natürlich immer mit Rücksicht auf die Neigung der Gehänge.*)

Anders stellen sich die Verhältnisse in Bezug auf die Wasserkapazität der Streudecke; sowie auf das Eindringen des Wassers im Boden. Nachdem die verderbliche Wirkung der Rohhumusschichten erkannt ist, wird eine gute Waldwirthschaft dahin zu streben haben, daß eine zu reichliche Ansammlung von Streumassen vermieden wird. Am günstigsten sind die Verhältnisse, wenn die Bodendecke innerhalb ein bis zwei Jahren völlig zersetzt wird. Die Wassermengen, die dann vom Walde festgehalten und so dem direkten Abfluß entzogen werden, sind dann nicht sehr bedeutend und kommen für Hochwasser und

---

*) Heiß, der Wald u. seine Gesetzgebung, citirt von Ebermayer a. a. O. S. 175.

Ueberschwemmungsgefahr vielleicht weniger in Betracht, als in der Regel angenommen wird. Erheblicher ist der Einfluß, wenn eine, für forstliche Zwecke allerdings unerwünschte, Ansammlung von Rohhumus oder mächtige Moosschichten vorhanden sind. Die Forstwirthschaft wird aber schwerlich hierdurch veranlaßt werden können, von ihrem eigentlichen Zwecke, einer rationellen Baumzucht, abzuweichen.

Alle Untersuchungen über die Einwirkung der Streudecke, wie sie von Ebermayer, Riegler, Wollny u. A. durchgeführt sind, beziehen sich nur auf die obere Streudecke; ohne Berücksichtigung der unterliegenden Humusschicht, die sich ja in den meisten Waldungen findet, wird es nicht möglich sein, ein klares Bild von dem Verhältniß der Bodendecke in Beziehung auf das Eindringen des Wassers u. dergl. zu erhalten. Den forstlichen Versuchsstationen steht hier noch ein weites Arbeitsfeld offen.

Faßt man alle auf die Entnahme von Waldstreu bezüglichen Punkte zusammen, so ergiebt sich folgende Uebersicht:

Bodenmächtigkeit: Auf sehr flachgründigen Bodenarten wird sich die Streuentnahme in ihren ungünstigen Einwirkungen rasch geltend machen. Je tiefgründiger die Böden sind, um so weniger wird dies eintreten.

Natürlich wird der Gehalt an Mineralstoffen und die Korngröße der Böden auch hier in erster Reihe zur Geltung kommen. Ein Basaltboden wird lange Zeit, auch bei geringer Mächtigkeit die Streuentnahme ertragen können; ein Quadersandboden dagegen die verderbliche Wirkung schon nach wenigen Jahren zeigen. Besonders ungünstig wird die Streuentnahme auf solchen Böden wirken, die mit viel Gruß und Steinen durchsetzt sind; eine Verschwämmung der feinsten Bodentheile wird sehr leicht eintreten. Als Regel muß gelten, daß die Streuentnahme auf flachgründigen Bodenarten nicht statt finden darf.

Bodenlage: Die Lage der Waldflächen ist in Bezug auf die Streuentnahme von großer Bedeutung.

Hat man es mit ebenen oder nur flach geneigten Gebieten zu thun, so wird durch Wegnahme der Bodendecke ein Schaden in Bezug auf Abspülung feinerdiger Theile nicht, oder doch nicht in merkbarer Weise eintreten.

An steilen Hängen wird diese Abfuhr der Bodentheile dagegen eine bedeutende Höhe erreichen können. Der Waldboden verarmt dadurch rasch. Eine Streunutzung auf derartigen Gebieten soll daher möglichst vermieden werden. Haben sich Rohhumusmassen angesammelt und ist die Beseitigung derselben im waldbaulichen Interesse erwünscht, so soll diese in breiten Streifen, welche thunlichst den Höhencurven parallel gehen, und die durch Streifen mit erhaltener Bodendecke unterbrochen werden, erfolgen. Eine nennenswerthe Wegführung feinerdiger Bestandtheile wird dann vermieden.

Kuppen und Hänge, welche austrocknenden Winden ausgesetzt oder nur spärlich bestanden sind, bedürfen besonderer Schonung und Pflege. Wie gezeigt wurde, trocknen auf solchen Stellen die Humuslagen in der warmen Jahreszeit oft so stark aus, daß sie lufttrocken werden und dann die Verwesung durch Mangel an Feuchtigkeit unterbrochen wird. Derartige Lagen sind daher Torfbildungen (Ablagerung von Rohhumus) leicht ausgesetzt. Ist diese Bildung einmal in größerer Ausdehnung eingetreten, so wird es für jeden Fall nothwendig sein zu prüfen, ob eine Beseitigung des Rohhumus zulässig ist, oder ob durch Kulturmaßregeln geholfen werden kann.

In Mulden und Schluchten sammelt sich immer ein erheblicher Theil der Streu an. Die Entnahme derselben ist an solchen Stellen schon immer geübt worden und hat überhaupt kaum Bedenken. Ist durch zu dichten Schluß der Bestände eine Ansammlung von Rohhumus eingetreten, so kann durch entsprechende Auslichtung geholfen und die Zersetzung desselben gefördert werden.

Gehalt der Böden an Nährstoffen. Bei Beantwortung der Frage, ob eine Streunutzung zulässig ist, ist in erster Reihe neben der vorhandenen Humusform (Mull oder Torf) auf den Gehalt an Nährstoffen Rücksicht zu nehmen. Auf allen armen Böden ist die Entnahme der Bodendecke bedenklich, bei regelmäßiger Wiederkehr verderblich für den Boden. Alle reicheren Bodenarten können eine mäßige Streunutzung ertragen; sie muß aber entsprechend der Bodenkraft sehr verschieden stark geübt werden. Während ein sehr reicher diluvialer Lehmboden nach zwanzigjähriger Streuentnahme keine Veränderung zeigte, kann eine solche bei Böden mittleren Gehaltes sehr wohl eintreten.

Sehr thätige Böden, also solche, welche durch Gehalt an Kalk und anderen Nährstoffen die Verwesung fördern, sind auch leicht der Gefahr ausgesetzt, daß durch völlige Verwesung der Humustheile eine Aushagerung des Bodens und dadurch ein dichteres Zusammenlagern desselben herbeigeführt werden kann. Die Streuentnahme ist auf solchen Flächen, wie sie z. B. flachgründigere Kalkböden nicht selten zeigen, immer mit fortgesetzter Rücksichtnahme auf die Bodenverhältnisse auszuüben und am besten ganz zu unterlassen.

Mull und Torf. Der Bedeutung dieser beiden Humusformen für Boden und Bestand ist ein großer Theil dieser Blätter gewidmet. Eine Streuentnahme auf Mullböden muß sich ausschließlich nach dem Reichthum und Gehalt der betreffenden Bodenarten richten. Ansammlungen von Rohhumus sind dagegen unter allen Umständen schädlich für den Boden. Die Beseitigung derselben ist nothwendig und die Nutzung derselben als Streu wird in sehr vielen Fällen vortheilhafter sein, als eine unverändert fortdauernde weitere Ablagerung halb zersetzter Pflanzenreste. Hier muß immer berücksichtigt werden, daß die Verwesungsvorgänge bei einigermaßen mächtigen Rohhumusschichten so verlangsamt sind, daß eine Zersetzung der neu zugeführten Streutheile nur in ganz beschränktem Maße stattfinden kann.

Ueberblickt man ohne jede Voreingenommenheit die bisher in Bezug auf die Streuentnahme gewonnene Einsicht sowohl für Boden wie für die Bestände, so lassen sie sich in wenigen Sätzen zusammenfassen:

1. **Eine Ansammlung von Rohhumus ist unter allen Umständen schädlich für Boden und Wald.**

2. **Arme Böden, insbesondere Sandböden, werden namentlich durch gesteigerte Auswaschung der löslichen Mineralstoffe durch Streunutzung sehr geschädigt.**

3. **Reichere Bodenarten können eine mäßige Streuentnahme ohne Schaden ertragen.**

Aus dem letzten Satze wird man nicht folgern dürfen, daß die Streuentnahme unschädlich sei; immer werden dem Boden werthvolle Bestandtheile entzogen; wo es also möglich ist, soll man die Streunutzung, soweit es zulässig ist, einschränken, und diese Einschränkung wird auch auf reichen Bodenarten, durch den wechselnden

Mineralstoffbedarf der Bestände, auf das höhere Bestandsalter nothwendig.

Die in neuerer Zeit durchgeführten Bestandsaufnahmen und besonders die genügende Berücksichtigung des wechselnden Gehaltes an Derb- und Reisholz haben es ermöglicht, den annähernden Mineralstoff-Bedarf der wichtigsten Baumarten während eines Umtriebes zu berechnen.*)

Hiernach erreicht der jährliche Mineralstoff-Bedarf bei den verschiedenen Baumarten ein bestimmtes Maximum im frühen oder mittleren Alter, während der Bedarf der höheren Altersklassen ein wesentlich geringerer ist. Dieses Maximum der jährlichen Nährstoff-Aufnahmen tritt auf ärmeren Böden später als auf reicheren ein.

Die Kiefer bedarf schon früh, im 15.—30. Jahre, die meisten Aschenbestandtheile; die Fichte im 30.—50. Jahre, die Buche im 40.—60. Jahre. Namentlich bei der Kiefer ist der Unterschied im verschiedenen Alter sehr bedeutend und beläuft sich z. B. der Bedarf im 100. Jahre für gleiche Flächen auf noch nicht die Hälfte der im 20. Jahre nothwendigen mineralischen Nährstoffe.

In diesen Altersstufen stellen also die Bestände die höchsten Anforderungen an den Boden, und jede rationelle Waldwirthschaft wird, zumal auf geringwerthigen Flächen, dieser Thatsache Rechnung tragen. Die Streunutzung ist dem entsprechend auf Bestände höheren Alters einzuschränken.

Aber auch auf solchen wird man nicht alljährlich die Streudecke entfernen dürfen, ohne auf die Dauer einen Rückgang des Bodens herbeizuführen. Längere Zwischenräume der Schonung sind nothwendig. Nach Meinung des Verf. soll man die Streunutzung nicht öfter als alle 5—10 Jahre, je nach Güte des Bodens wiederholen; dies kann aber wohl ohne Bedenken in älteren Beständen geschehen, welche den besseren Ertragsklassen der betreffenden Baumarten angehören.

*) Vergl. Zeitschrift für Forst- und Jagdwesen Bd. 19 S. 614, 1887; die ausgezeichnete Bearbeitung der Entwickelung der Buche, welche Weber durchgeführt hat (Hartig und Weber, Das Holz der Rothbuche. Berlin 1888), zeigt die Brauchbarkeit jener vom Verf. berechneten Zahlen als Mittelwerthe in überraschender Weise.

GPSR Compliance

The European Union's (EU) General Product Safety Regulation (GPSR) is a set of rules that requires consumer products to be safe and our obligations to ensure this.

If you have any concerns about our products, you can contact us on ProductSafety@springernature.com

In case Publisher is established outside the EU, the EU authorized representative is:

Springer Nature Customer Service Center GmbH
Europaplatz 3
69115 Heidelberg, Germany

Batch number: 10682427

Printed by Printforce, the Netherlands